Hunderterfeld erschließen

Welche Zahlen fehlen? Trage sie ein.

1	2	3	4	5	6	7	8	9	10
11	12		14	15		17		19	
21		23			26	27	28		30
	32	33	34	35		37		39	
41		43		45	46		48		50
51	52		54		56	57		59	
61	62	63		65	66		68		70
	72		74		76	77	78	79	80
81		83	84		86		88		90
91	92			95	96	97		99	

Hunderterfeld erschließen

Welche Zahlen fehlen? Trage sie ein.

1	2	3	4	5	6	7	8	9	10
11	12	13	14	15	16	17	18	19	20
21	22	23	24	25	26	27	28	29	30
31	32	33	34	35	36	37	38	39	40
41	42	43	44	45	46	47	48	49	50
51	52	53	54	55	56	57	58	59	60
61	62	63	64	65	66	67	68	69	70
71	72	73	74	75	76	77	78	79	80
81	82	83	84	85	86	87	88	89	90
91	92	93	94	95	96	97	98	99	100

Lösungsseite

Hunderterfeld erschließen

Welche Zahlenfelder sind farbig markiert?
Schreibe die Zahlen auf.

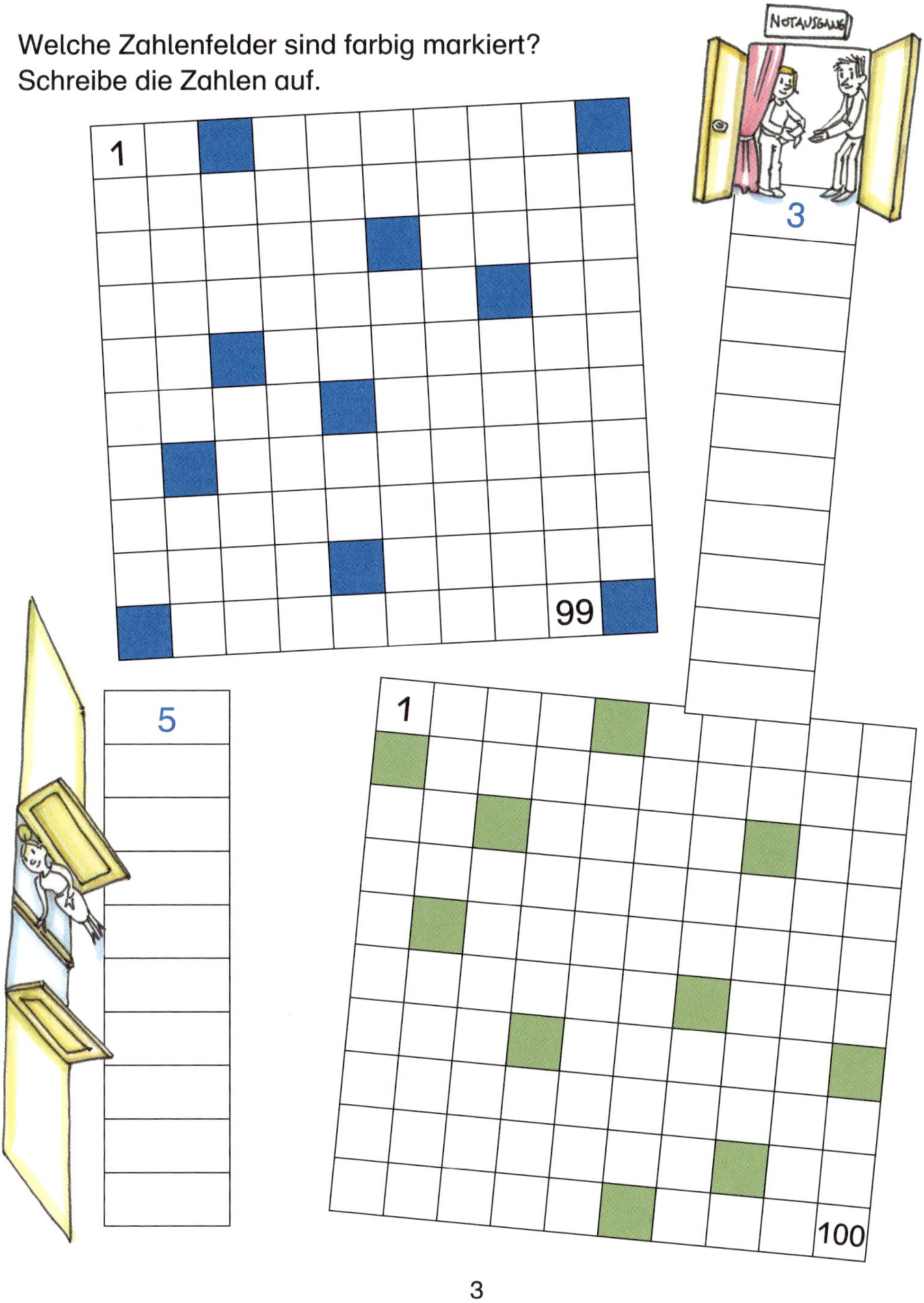

Hunderterfeld erschließen

Welche Zahlenfelder sind farbig markiert?
Schreibe die Zahlen auf.

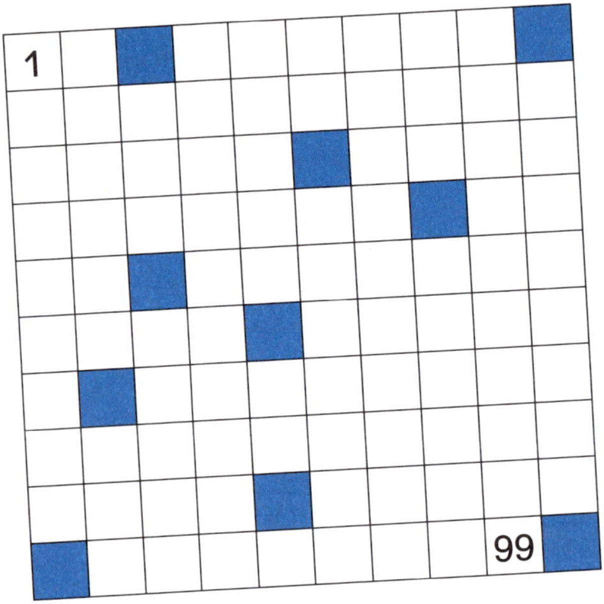

3
10
26
38
43
55
62
85
91
100

Lösungsseite

5
11
23
28
42
57
64
70
88
96

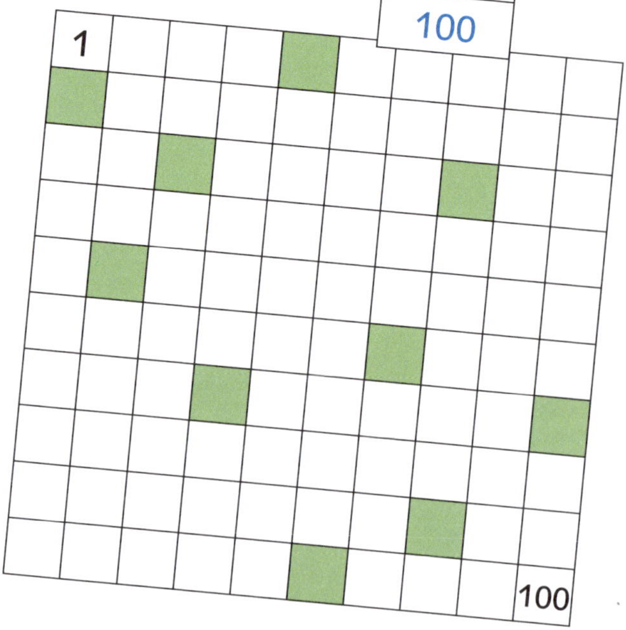

Zahlenstrahl

Zeichne die Zahlen auf dem Zahlenstrahl ein.

26

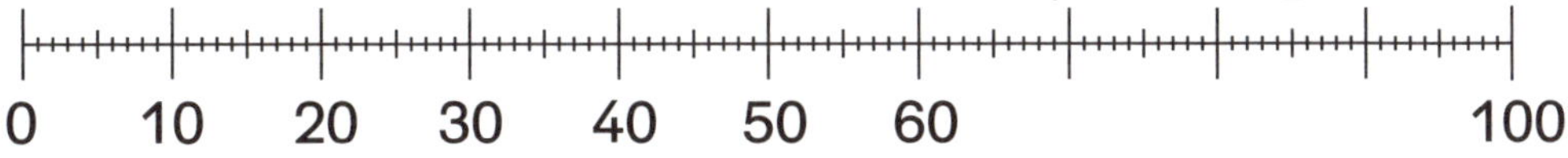

43

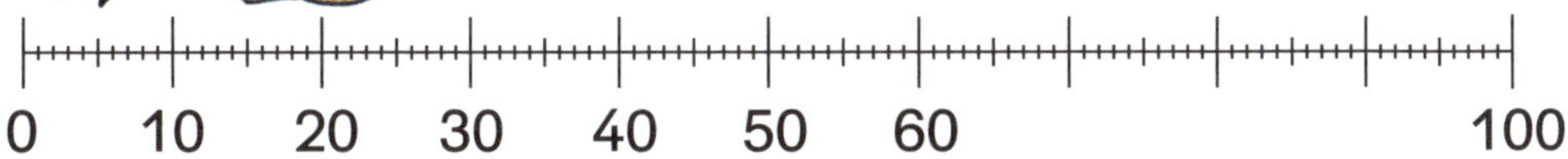

51

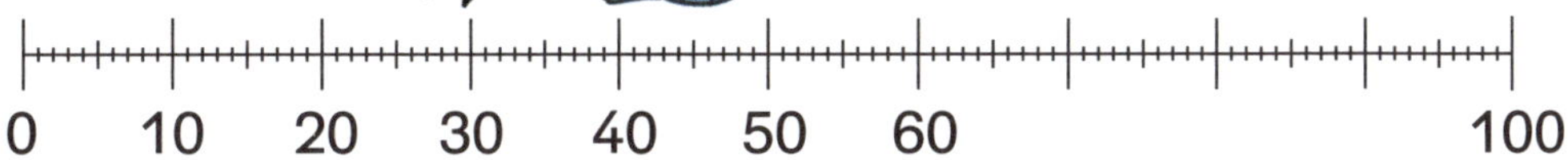

88

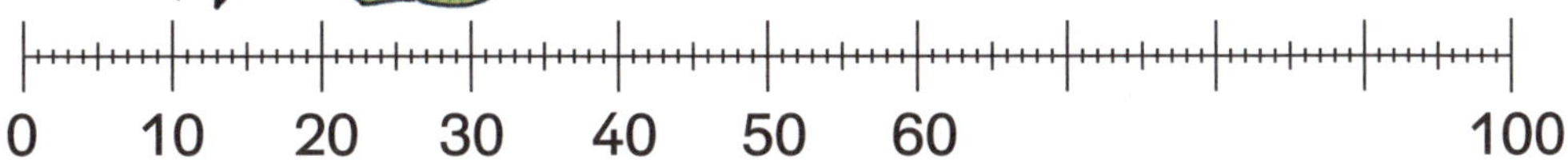

97

Zahlenstrahl

Zeichne die Zahlen auf dem Zahlenstrahl ein.

26

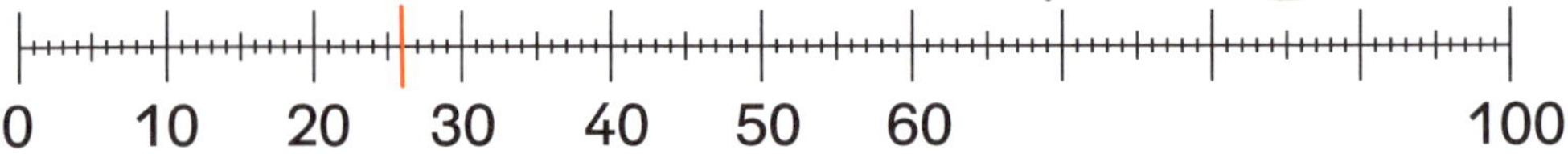

43

51

88

97

Lösungsseite

Zahlen ordnen

Ordne die Zahlen der Größe nach und trage sie richtig ein.

H	Z	E	H	Z	E	H	Z	E	H	Z	E
		3									

89	34	64	19	74
~~3~~	56	5	70	69
11	81	61	27	86
60	23	93	78	44

41	7	110	21	82
39	63	9	90	48
15	72	99	84	68
65	57	76	105	30

Zahlen ordnen

Ordne die Zahlen der Größe nach und trage sie richtig ein.

H	Z	E	H	Z	E	H	Z	E	H	Z	E
		3		3	0		6	3		8	1
		5		3	4		6	4		8	2
		7		3	9		6	5		8	4
		9		4	1		6	8		8	6
	1	1		4	4		6	9		8	9
	1	5		4	8		7	0		9	0
	1	9		5	6		7	2		9	3
	2	1		5	7		7	4		9	9
	2	3		6	0		7	6	1	0	5
	2	7		6	1		7	8	1	1	0

~~89~~ ~~34~~ ~~64~~ ~~19~~ ~~74~~
~~3~~ ~~56~~ ~~5~~ ~~70~~ ~~69~~
~~11~~ ~~81~~ ~~61~~ ~~27~~ ~~86~~
~~60~~ ~~23~~ ~~93~~ ~~78~~ ~~44~~

~~41~~ ~~7~~ ~~110~~ ~~21~~ ~~82~~
~~39~~ ~~63~~ ~~9~~ ~~90~~ ~~48~~
~~15~~ ~~72~~ ~~99~~ ~~84~~ ~~68~~
~~65~~ ~~57~~ ~~76~~ ~~105~~ ~~30~~

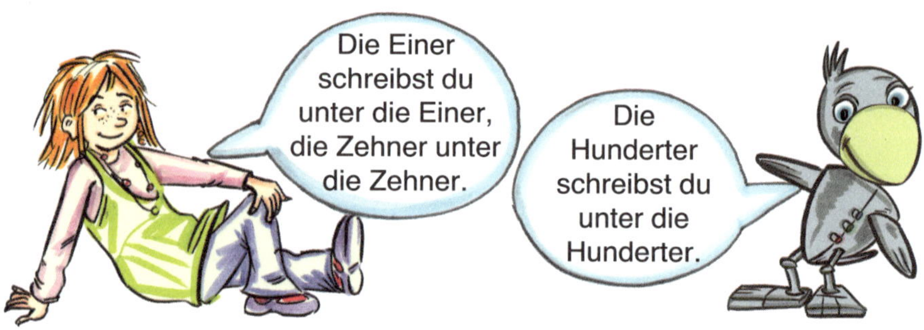

Lösungsseite

Zahlenbänder ergänzen

Welche Zahlen fehlen auf den Zahlenbändern? Trage sie ein.

Zahlenbänder ergänzen

Welche Zahlen fehlen auf den Zahlenbändern? Trage sie ein.

Lösungsseite

Sudoku lösen

Kennst du Sudoku? Löse die folgenden.
In jeder Reihe, in jeder Spalte und in jedem kleinen Quadrat stehen Zahlen von 1 bis 4. Aber pass auf, dass die Zahlen in jeder Reihe, in jeder Spalte und in jedem Quadrat nur einmal vorkommen.

3	1	4	2
2	4	1	3
1	3	2	4
4	2	3	1

Spalte

1		3	
3	4	2	1
	1	4	3
4	3		2

Reihe

4		2	1
1	2		4
	4	1	2
2	1	4	

Quadrat

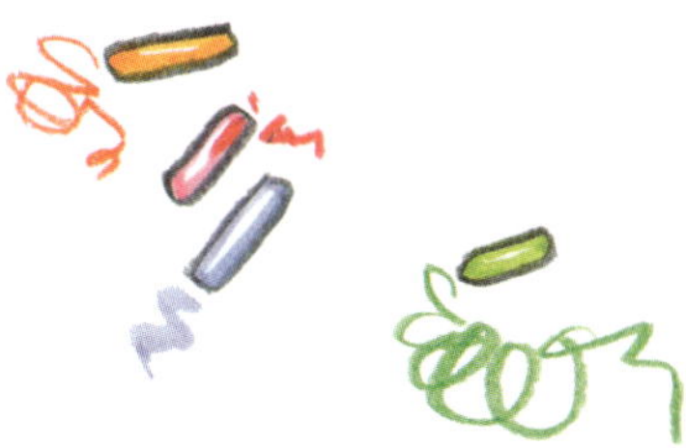

Sudoku lösen

Kennst du Sudoku? Löse die folgenden.
In jeder Reihe, in jeder Spalte und in jedem kleinen Quadrat stehen Zahlen von 1 bis 4. Aber pass auf, dass die Zahlen in jeder Reihe, in jeder Spalte und in jedem Quadrat nur einmal vorkommen.

3	1	4	2
2	4	1	3
1	3	2	4
4	2	3	1

Spalte

1	2	3	4
3	4	2	1
2	1	4	3
4	3	1	2

Reihe

4	3	2	1
1	2	3	4
3	4	1	2
2	1	4	3

Quadrat

Lösungsseite

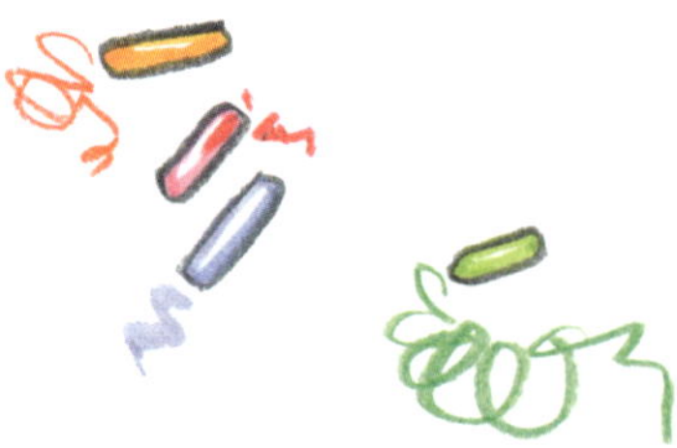

Vorgänger und Nachfolger

Ergänze die Tabelle.

Vorgänger		Nachfolger
	42	
	29	
	35	
	82	
	47	
20		
	80	
50		
	66	67
		37
		90
	53	

Vorgänger und Nachfolger

Ergänze die Tabelle.

Vorgänger		Nachfolger
41	42	43
28	29	30
34	35	36
81	82	83
46	47	48
20	21	22
79	80	81
50	51	52
65	66	67
35	36	37
88	89	90
52	53	54

Größer oder kleiner?

< ist kleiner und > ist größer.
Setze das fehlende Zeichen ein.

3	<	6	134		44
10		21	34		43
16		61	45		54

80	>	14	92		29
64		46	81		18
23		3	72		17

Größer oder kleiner?

< ist kleiner und > ist größer.
Setze das fehlende Zeichen ein.

3	<	6	134	>	44
10	<	21	34	<	43
16	<	61	45	<	54

80	>	14	92	>	29
64	>	46	81	>	18
23	>	3	72	>	17

Lösungsseite

Labyrinth

Auf welchem Weg läuft die Kuh zur Weide?

Labyrinth

Lösungsseite

Einer addieren

Rechne alle Aufgaben.

2 + 5 =
12 + 5 =
22 + 5 =
52 + 5 =
82 + 5 =

4 + 5 =
34 + 5 =
64 + 5 =
84 + 5 =
94 + 5 =

3 + 5 =
23 + 5 =
63 + 5 =
83 + 5 =
93 + 5 =

1 + 6 =
31 + 6 =
41 + 6 =
71 + 6 =
81 + 6 =

2 + 6 =
22 + 6 =
52 + 6 =
72 + 6 =
92 + 6 =

Einer addieren

Rechne alle Aufgaben.

2 + 5 =		7
12 + 5 =	1	7
22 + 5 =	2	7
52 + 5 =	5	7
82 + 5 =	8	7

4 + 5 =		9
34 + 5 =	3	9
64 + 5 =	6	9
84 + 5 =	8	9
94 + 5 =	9	9

3 + 5 =		8
23 + 5 =	2	8
63 + 5 =	6	8
83 + 5 =	8	8
93 + 5 =	9	8

1 + 6 =		7
31 + 6 =	3	7
41 + 6 =	4	7
71 + 6 =	7	7
81 + 6 =	8	7

2 + 6 =		8
22 + 6 =	2	8
52 + 6 =	5	8
72 + 6 =	7	8
92 + 6 =	9	8

Zehner addieren

Kannst du das auch ausrechnen?

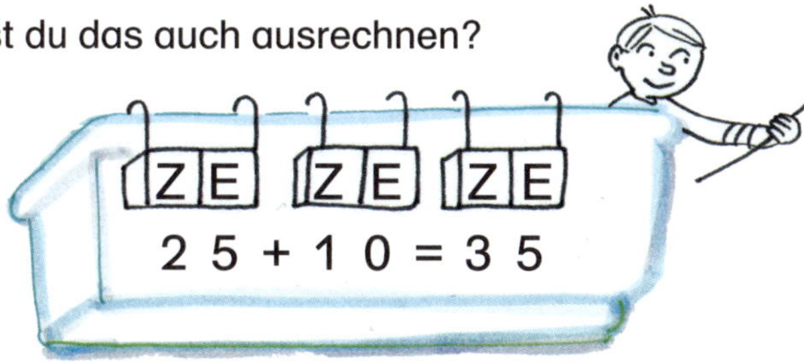

46 + 20 =

81 + 10 =

37 + 60 =

54 + 30 =

62 + 30 =

44 + 50 =

23 + 40 =

78 + 20 =

56 + 40 =

39 + 30 =

45 + 10 =

43 + 40 =

36 + 30 =

52 + 20 =

64 + 30 =

24 + 40 =

47 + 30 =

72 + 20 =

58 + 30 =

31 + 60 =

Zehner addieren

Lösungsseite

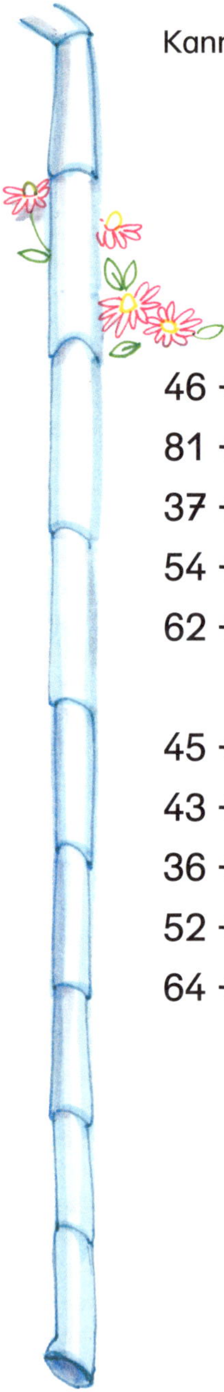

Kannst du das auch ausrechnen?

46 + 20 =	66	44 + 50 =	94
81 + 10 =	91	23 + 40 =	63
37 + 60 =	97	78 + 20 =	98
54 + 30 =	84	56 + 40 =	96
62 + 30 =	92	39 + 30 =	69

45 + 10 =	55	24 + 40 =	64
43 + 40 =	83	47 + 30 =	77
36 + 30 =	66	72 + 20 =	92
52 + 20 =	72	58 + 30 =	88
64 + 30 =	94	31 + 60 =	91

Zum Zehner addieren

Welche Zahlen fehlen in den Aufgaben?
Trage sie ein.

43 + ☐ = 50

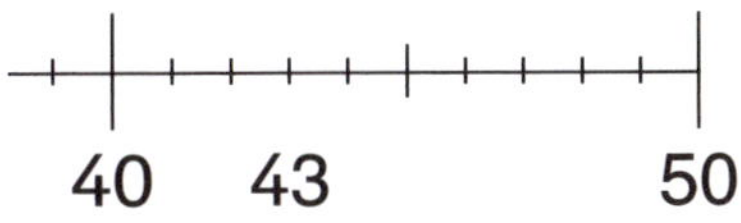

36 + ☐ = 40

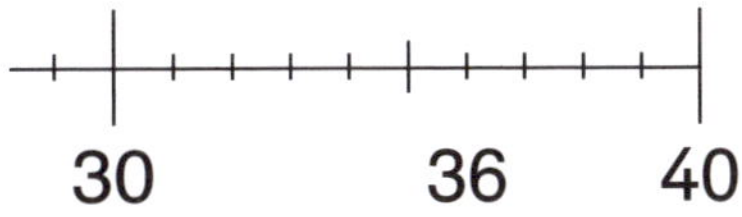

47	+		=	50
27	+		=	30
64	+		=	70
86	+		=	90
35	+		=	40

46	+		=	50
25	+		=	30
67	+		=	70
82	+		=	90
34	+		=	40

33	+		=	40
48	+		=	
69	+		=	
84	+		=	
28	+		=	

24	+		=	
44	+		=	
65	+		=	
37	+		=	
85	+		=	

Zum Zehner addieren

Welche Zahlen fehlen in den Aufgaben?
Trage sie ein.

43 + 7 = 50

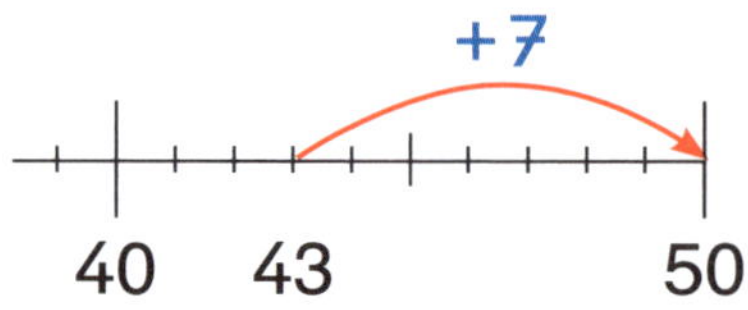

36 + 4 = 40

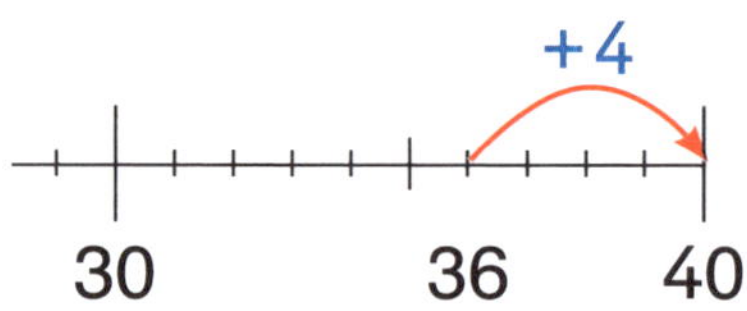

Lösungsseite

47 + 3 = 50
27 + 3 = 30
64 + 6 = 70
86 + 4 = 90
35 + 5 = 40

46 + 4 = 50
25 + 5 = 30
67 + 3 = 70
82 + 8 = 90
34 + 6 = 40

33 + 7 = 40
48 + 2 = 50
69 + 1 = 70
84 + 6 = 90
28 + 2 = 30

24 + 6 = 30
44 + 6 = 50
65 + 5 = 70
37 + 3 = 40
85 + 5 = 90

Halbschriftlich addieren

Rechne die Aufgaben in zwei Schritten.

48 + 6 = 54
48 + 2 = 50
50 + 4 = 54

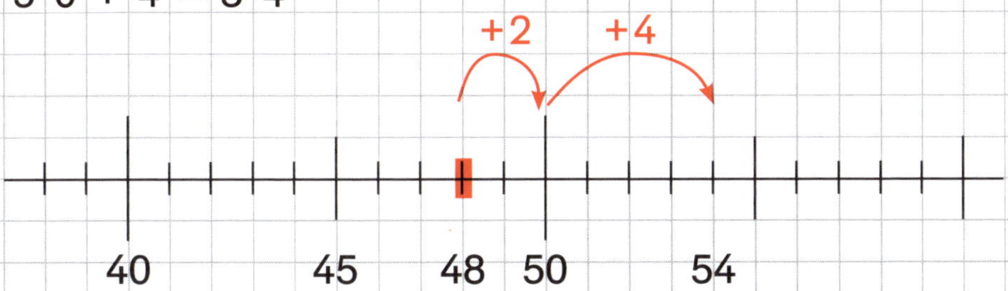

28 + 3 =
28 + 2 =
+ 1 =

58 + 7 =
58 + =
+ =

49 + 5 =
49 + 1 =
+ 4 =

77 + 5 =
77 + =
+ =

37 + 4 =
37 + 3 =
+ 1 =

69 + 4 =
69 + =
+ =

Halbschriftlich addieren

Rechne die Aufgaben in zwei Schritten.

48 + 6 = 54
48 + 2 = 50
50 + 4 = 54

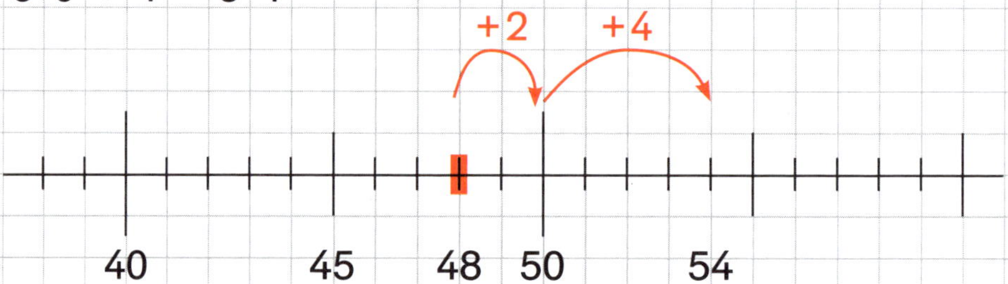

28 + 3 = 31
28 + 2 = 30
30 + 1 = 31

58 + 7 = 65
58 + 2 = 60
60 + 5 = 65

49 + 5 = 54
49 + 1 = 50
50 + 4 = 54

77 + 5 = 82
77 + 3 = 80
80 + 2 = 82

37 + 4 = 41
37 + 3 = 40
40 + 1 = 41

69 + 4 = 73
69 + 1 = 70
70 + 3 = 73

Lösungsseite

Halbschriftlich addieren

Rechne die Aufgaben.

66 + 7 =	86 + 7 =
66 + 4 =	86 + =
+ 3 =	+ =
23 + 9 =	54 + 8 =
23 + =	54 + =
+ =	+ =
48 + 6 =	75 + 9 =
38 + 5 =	65 + 6 =

Halbschriftlich addieren

Rechne die Aufgaben.

66 + 7 = 73	86 + 7 = 93
66 + 4 = 70	86 + 4 = 90
70 + 3 = 73	90 + 3 = 93
23 + 9 = 32	54 + 8 = 62
23 + 7 = 30	54 + 6 = 60
30 + 2 = 32	60 + 2 = 62
48 + 6 = 54	75 + 9 = 84
48 + 2 = 50	75 + 5 = 80
50 + 4 = 54	80 + 4 = 84
38 + 5 = 43	65 + 6 = 71
38 + 2 = 40	65 + 5 = 70
40 + 3 = 43	70 + 1 = 71

Lösungsseite

Bis 100 ergänzen

Ergänze bis 100. Rechne schrittweise.

67 + = 100
67 + = 70
70 + = 100

59 + = 100
59 + = 60
60 + = 100

34 + = 100
34 + =
+ =

29 + = 100
29 + =
30 + =

82 + = 100
82 + =
+ =

Bis 100 ergänzen

Ergänze bis 100. Rechne schrittweise.

$67 + 33 = 100$
$67 + 3 = 70$
$70 + 30 = 100$

$59 + 41 = 100$
$59 + 1 = 60$
$60 + 40 = 100$

$34 + 66 = 100$
$34 + 6 = 40$
$40 + 60 = 100$

$29 + 71 = 100$
$29 + 1 = 30$
$30 + 70 = 100$

$82 + 18 = 100$
$82 + 8 = 90$
$90 + 10 = 100$

Lösungsseite

Kopfrechnen

Rechne und male jede Aufgabe und das passende Ergebnis in der gleichen Farbe an.

28 + 17	61
36 + 25	73
47 + 36	45
19 + 54	91
54 + 37	75
46 + 38	83
29 + 46	66
67 + 19	84
38 + 28	92
64 + 17	86
46 + 46	81

Kopfrechnen

Rechne und male jede Aufgabe und das passende Ergebnis in der gleichen Farbe an.

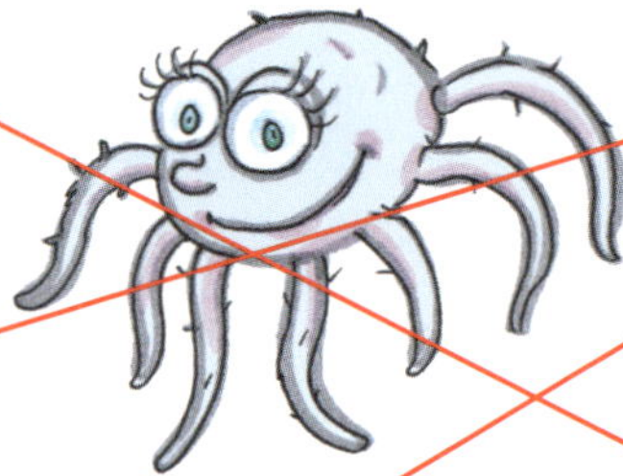

Aufgabe	Ergebnis
28 + 17	61
36 + 25	73
47 + 36	45
19 + 54	91
54 + 37	75
46 + 38	83
29 + 46	66
67 + 19	84
38 + 28	92
64 + 17	86
46 + 46	81

Lösungsseite

Zahlenmauern

Welche Zahlen fehlen auf den Steinen? Trage sie ein.

Zahlenmauern

Welche Zahlen fehlen auf den Steinen? Trage sie ein.

18

9 9

5 4 5

2 3 1 4

2 + 3   3 + 1   1 + 4

33

14 19

4 10 9

1 3 7 2

26

13 13

7 6 7

3 4 2 5

Lösungsseite

Zahlenrätsel

Welche Zahlen verstecken sich hinter den Bildern?

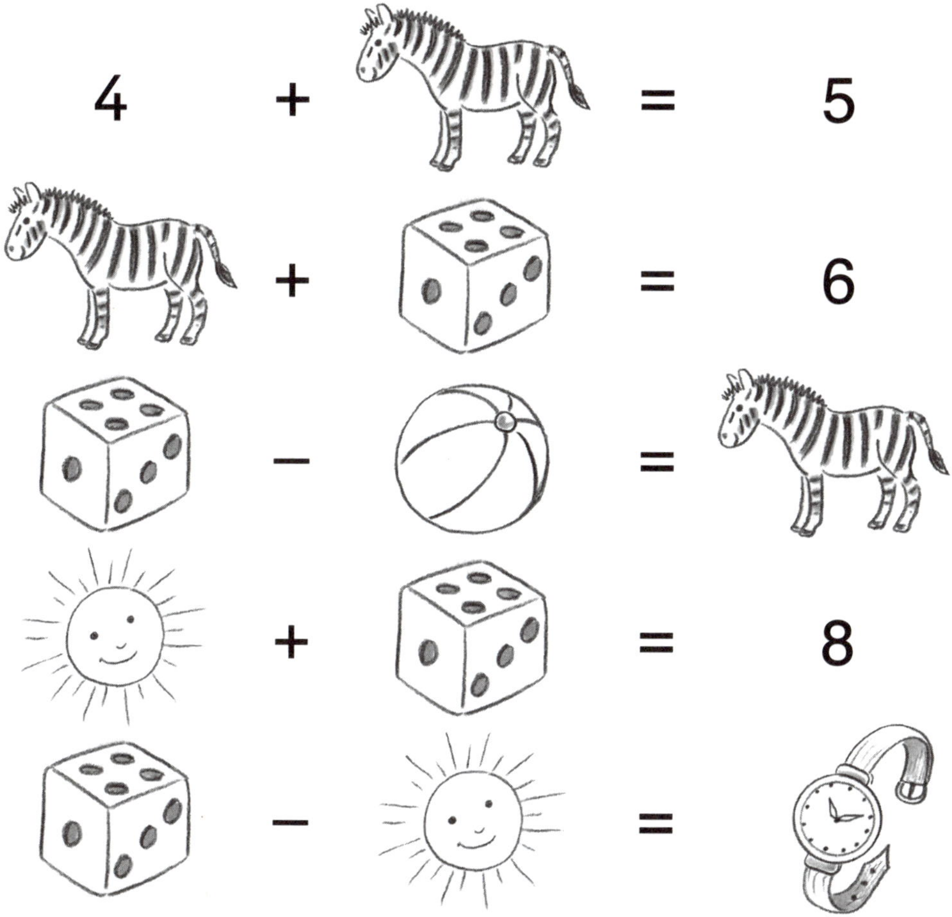

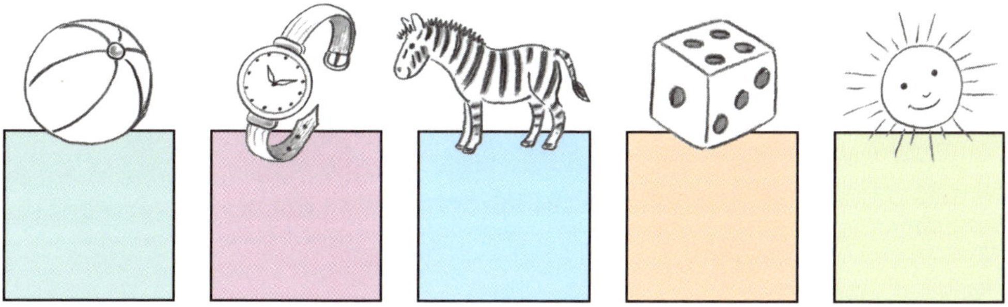

Zahlenrätsel

Lösungsseite

Einer subtrahieren

Streiche die passende Anzahl weg und rechne die Aufgaben aus.

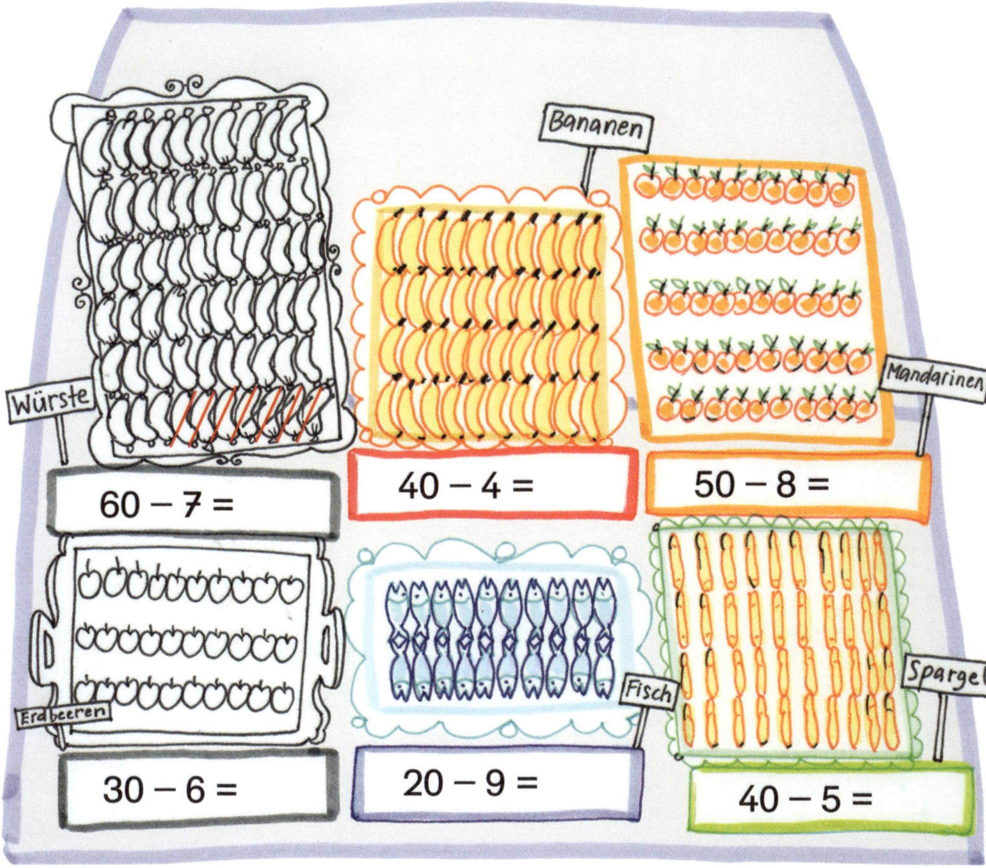

30 – 8 =	90 – 2 =
50 – 7 =	80 – 6 =
60 – 6 =	30 – 5 =
70 – 8 =	20 – 8 =
90 – 5 =	40 – 3 =

Einer subtrahieren

Streiche die passende Anzahl weg und rechne die Aufgaben aus.

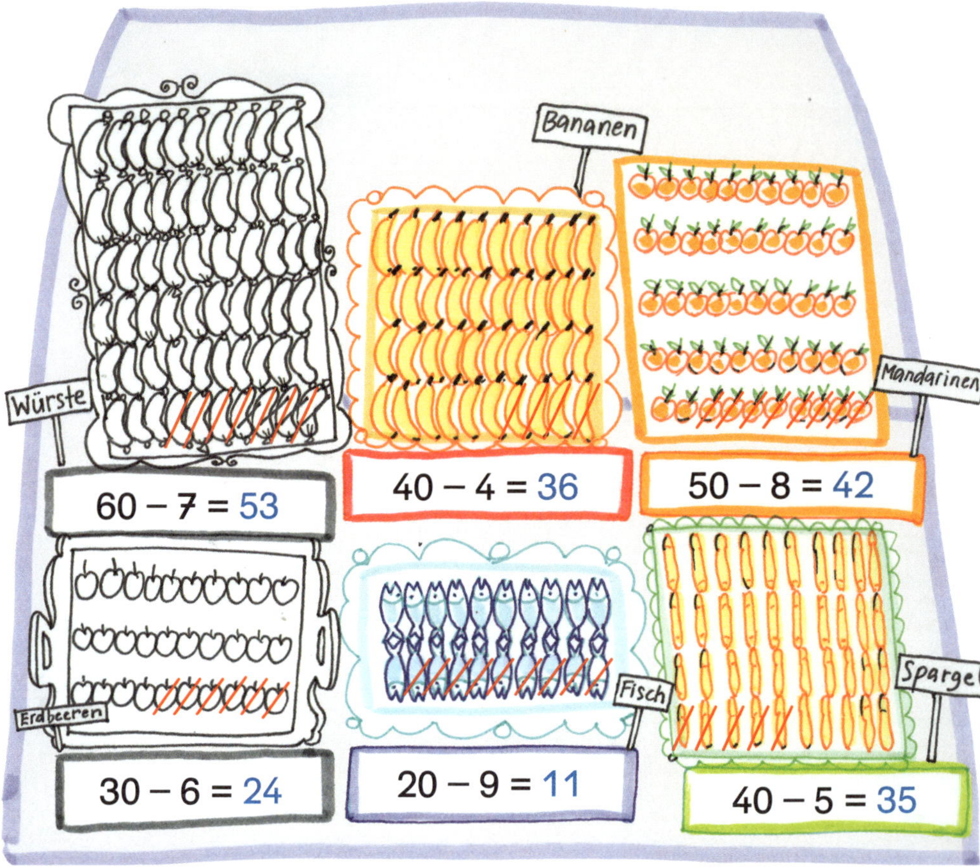

60 – 7 = 53

40 – 4 = 36

50 – 8 = 42

30 – 6 = 24

20 – 9 = 11

40 – 5 = 35

Lösungsseite

30 – 8 = 22	90 – 2 = 88
50 – 7 = 43	80 – 6 = 74
60 – 6 = 54	30 – 5 = 25
70 – 8 = 62	20 – 8 = 12
90 – 5 = 85	40 – 3 = 37

Zehner subtrahieren

Streiche die passenden Zehner weg und rechne die Aufgaben.

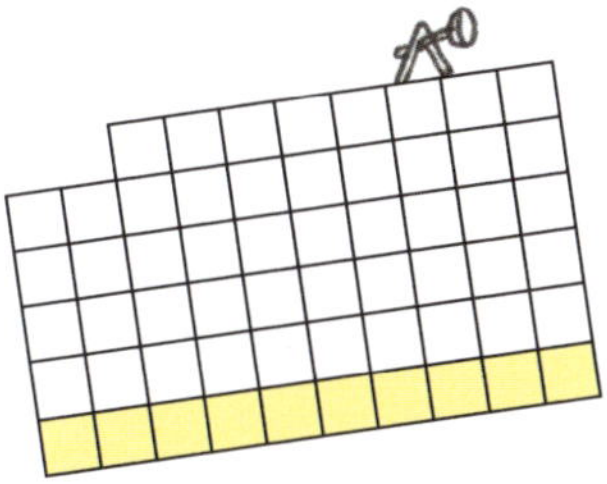

58 – 10 = ____

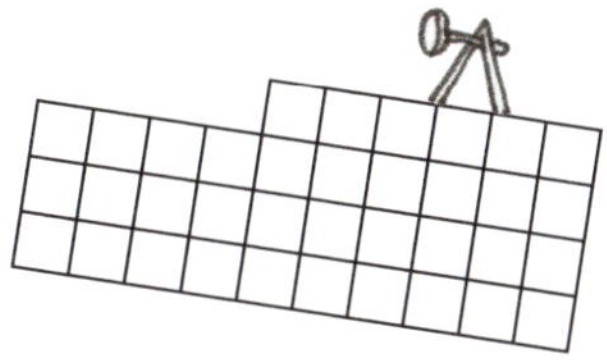

36 – 20 = ____

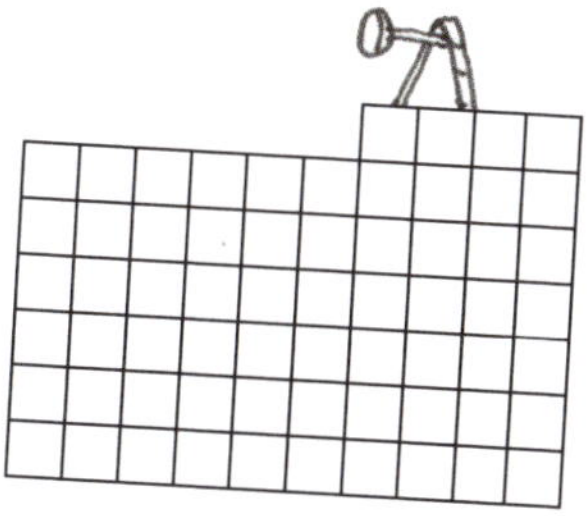

64 – 30 = ____

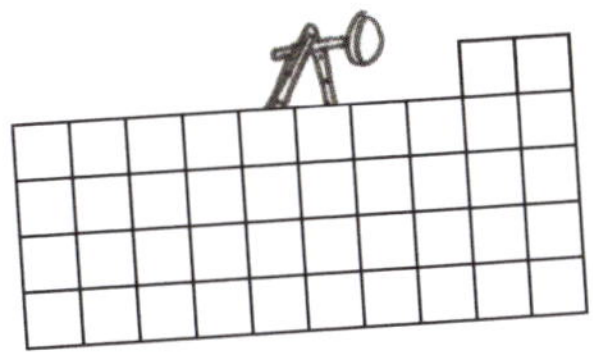

42 – 20 = ____

45 – 20 = ____
34 – 10 = ____
62 – 30 = ____
28 – 20 = ____
64 – 10 = ____
21 – 10 = ____
55 – 40 = ____
32 – 20 = ____
66 – 40 = ____
74 – 50 = ____

41 – 10 = ____
76 – 40 = ____
52 – 20 = ____
93 – 60 = ____
85 – 50 = ____
34 – 20 = ____
63 – 10 = ____
72 – 40 = ____
56 – 20 = ____
81 – 60 = ____

Zehner subtrahieren

Streiche die passenden Zehner weg und rechne die Aufgaben.

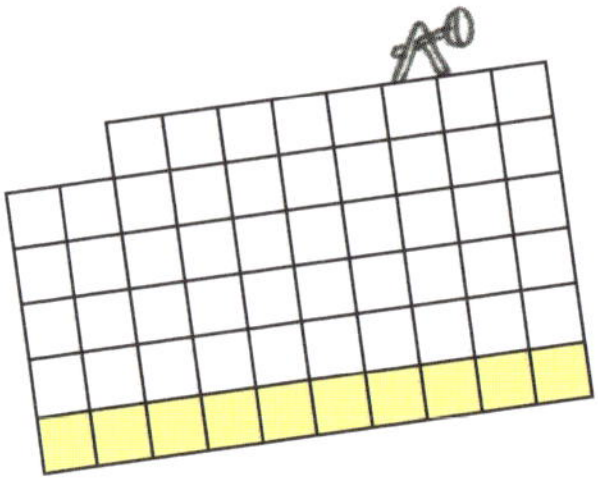

58 − 10 = 48

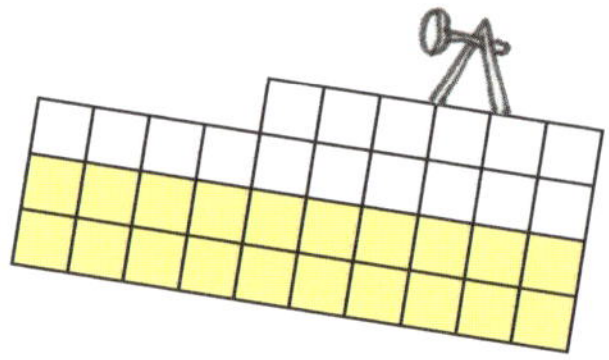

36 − 20 = 16

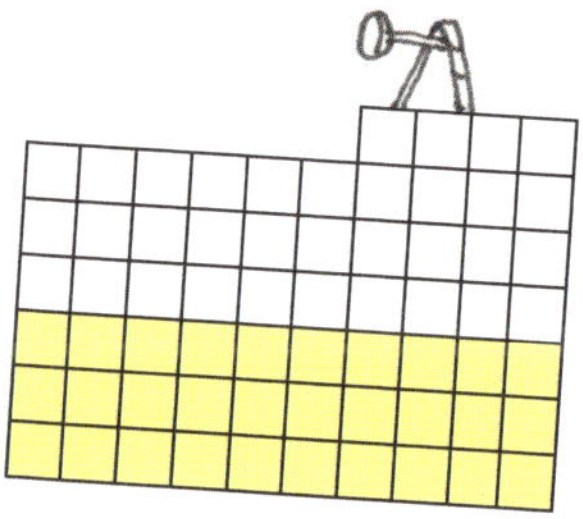

64 − 30 = 34

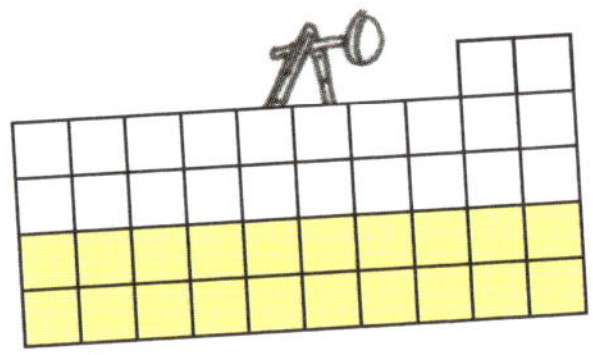

42 − 20 = 22

Lösungsseite

45 − 20 = 25
34 − 10 = 24
62 − 30 = 32
28 − 20 = 8
64 − 10 = 54
21 − 10 = 11
55 − 40 = 15
32 − 20 = 12
66 − 40 = 26
74 − 50 = 24

41 − 10 = 31
76 − 40 = 36
52 − 20 = 32
93 − 60 = 33
85 − 50 = 35
34 − 20 = 14
63 − 10 = 53
72 − 40 = 32
56 − 20 = 36
81 − 60 = 21

Zum Zehner subtrahieren

Welche Zahl musst du abziehen?

18 – ___ = 10	24 – ___ = 20
13 – ___ = 10	29 – ___ = 20
34 – ___ = 30	42 – ___ = 40
38 – ___ = 30	48 – ___ = 40
56 – ___ = 50	63 – ___ = 60
58 – ___ = 50	68 – ___ = 60
72 – ___ = 70	83 – ___ = 80
76 – ___ = 70	89 – ___ = 80

60 ← – 3 ← 63

90 ← – ___ ← 99

80 ← – ___ ← 86

30 ← – ___ ← 37

Zum Zehner subtrahieren

Welche Zahl musst du abziehen?

18 − 8 = 10
13 − 3 = 10

34 − 4 = 30
38 − 8 = 30

56 − 6 = 50
58 − 8 = 50

72 − 2 = 70
76 − 6 = 70

24 − 4 = 20
29 − 9 = 20

42 − 2 = 40
48 − 8 = 40

63 − 3 = 60
68 − 8 = 60

83 − 3 = 80
89 − 9 = 80

Lösungsseite

60 ← (− 3) ← 63

90 ← (− 9) ← 99

80 ← (− 6) ← 86

30 ← (− 7) ← 37

Schrittweise subtrahieren

Rechne die Aufgaben in zwei Schritten. Erst zurück bis zum Zehner und dann weiter.

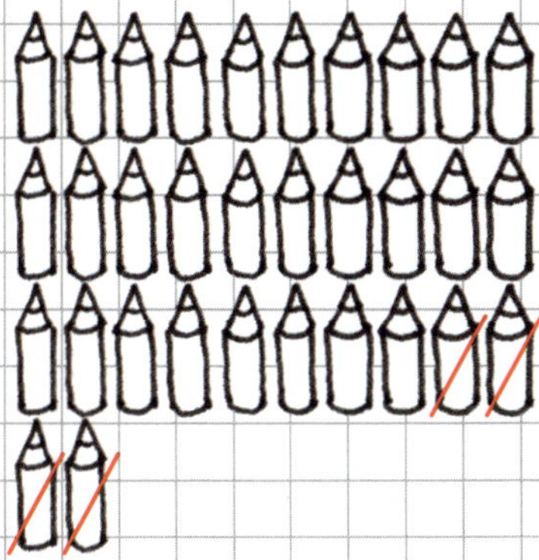

32 − 4

32 − 2 − 2 =

23 − 5

23 − 3 − 2 =

52 − 5

52 − 2 − 3 =

65 − 6

65 − 5 − 1 =

33 − 5

33 − 3 − 2 =

Schrittweise subtrahieren

Rechne die Aufgaben in zwei Schritten. Erst zurück bis zum Zehner und dann weiter.

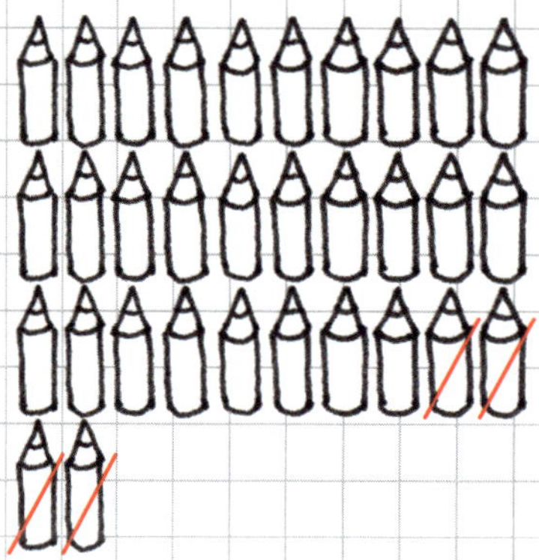

Lösungsseite

32 − 4
32 − 2 − 2 = 28

23 − 5
23 − 3 − 2 = 18

52 − 5
52 − 2 − 3 = 47

65 − 6
65 − 5 − 1 = 59

33 − 5
33 − 3 − 2 = 28

Schrittweise subtrahieren

Rechne die Aufgaben in zwei Schritten.

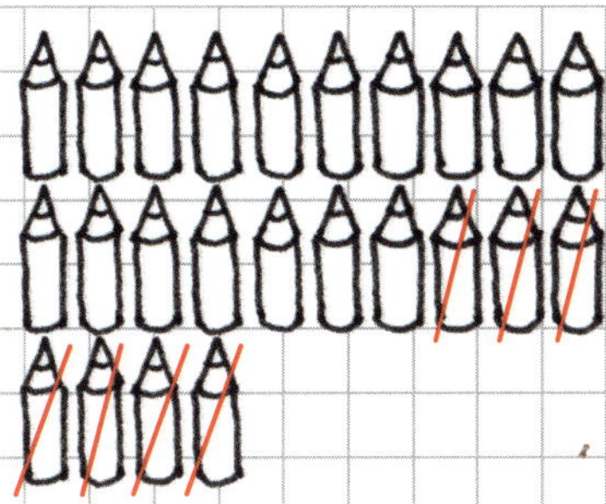

24 − 7
24 − 4 − 3 =

92 − 5
92 −   −   =

81 − 6
81 −   −   =

54 − 8
54 −   −   =

95 − 7
95 −   −   =

27 − 9
27 −   −   =

41 − 6
41 −   −   =

Schrittweise subtrahieren

Rechne die Aufgaben in zwei Schritten.

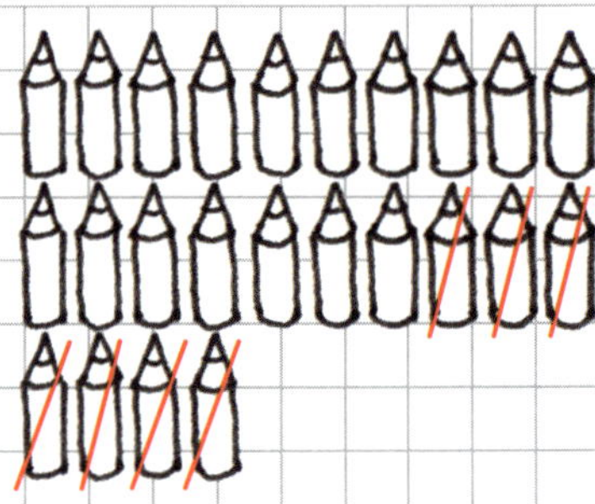

24 − 7
24 − 4 − 3 = 17

92 − 5
92 − 2 − 3 = 87

81 − 6
81 − 1 − 5 = 75

54 − 8
54 − 4 − 4 = 46

95 − 7
95 − 5 − 2 = 88

27 − 9
27 − 7 − 2 = 18

41 − 6
41 − 1 − 5 = 35

Lösungsseite

Halbschriftlich subtrahieren

Rechne die Aufgaben in zwei Schritten.

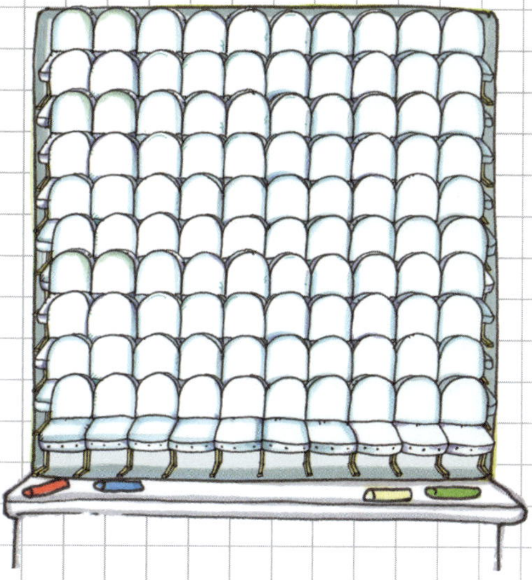

100 − 46 = 54
100 − 40 =
60 − 6 =

100 − 36 =
100 − 30 =
− 6 =

100 − 28 =
100 − 20 =
− 8 =

100 − 74 =
100 − =
− =

100 − 64 =
− =
− =

Subtraktion im Zahlenraum bis 100

Halbschriftlich subtrahieren

Rechne die Aufgaben in zwei Schritten.

100 − 46 = 54
100 − 40 = 60
60 − 6 = 54

100 − 36 = 64
100 − 30 = 70
70 − 6 = 64

100 − 28 = 72
100 − 20 = 80
80 − 8 = 72

100 − 74 = 26
100 − 70 = 30
30 − 4 = 26

100 − 64 = 36
100 − 60 = 40
40 − 4 = 36

Lösungsseite

Halbschriftlich subtrahieren

Rechne die Aufgaben in zwei Schritten.

92 − 46 =
92 − 40 =
52 − 6 =

65 − 37 =
65 − 30 =
− =

73 − 46 =
73 − 40 =
− =

74 − 39 =
74 − =
− =

85 − 27 =
85 − 20 =
− =

95 − 68 =
95 − =
− =

Halbschriftlich subtrahieren

Rechne die Aufgaben in zwei Schritten.

92 − 46 = 46
92 − 40 = 52
52 − 6 = 46

65 − 37 = 28
65 − 30 = 35
35 − 7 = 28

73 − 46 = 27
73 − 40 = 33
33 − 6 = 27

74 − 39 = 35
74 − 30 = 44
44 − 9 = 35

85 − 27 = 58
85 − 20 = 65
65 − 7 = 58

95 − 68 = 27
95 − 60 = 35
35 − 8 = 27

Lösungsseite

Umkehraufgaben

Rechne die Minusaufgaben und schreibe die passenden Umkehraufgaben auf.

69 − 25 = 44	25 + 44 = 69
74 − 36 =	36 + =
48 − 23 =	23 + =
96 − 32 =	32 + =
22 − 11 = 11	11 + 11 =
84 − 23 =	23 + =
97 − 45 =	45 + =
75 − 23 =	23 + =

Umkehraufgaben

Rechne die Minusaufgaben und schreibe die passenden Umkehraufgaben auf.

Lösungsseite

69 − 25 = 44	25 + 44 = 69
74 − 36 = 38	36 + 38 = 74
48 − 23 = 25	23 + 25 = 48
96 − 32 = 64	32 + 64 = 96
22 − 11 = 11	11 + 11 = 22
84 − 23 = 61	23 + 61 = 84
97 − 45 = 52	45 + 52 = 97
75 − 23 = 52	23 + 52 = 75

Bei 1 ist alles deins!

So geht's:

Für das Spiel brauchst du einen Würfel. Spiele mit 1 bis 3 weiteren Personen. Jeder Mitspieler darf so lange würfeln, wie er möchte. Dabei notiert der Spieler, der an der Reihe ist, seine gewürfelten Augenzahlen. Am Ende seines Spielzuges zählt er alle Augenzahlen zusammen. Aber Achtung! Sobald er eine 1 würfelt, bekommt der nächste Spieler alle seine bisher gewürfelten Punkte, und er selbst bekommt in dieser Runde keine Punkte. Darum musst du gut überlegen: Würfelst du weiter oder hörst du lieber auf, bevor du eine 1 würfelst? Wer nach fünf Runden die meisten Punkte hat, ist Sieger.

Runde	Spieler 1	Spieler 2	Spieler 3	Spieler 4
1				
2				
3				
4				
5				
Gesamt				

Bei 1 ist alles deins!

Hier kannst du noch einmal spielen.

Runde	Spieler 1	Spieler 2	Spieler 3	Spieler 4
1				
2				
3				
4				
5				
Gesamt				

Runde	Spieler 1	Spieler 2	Spieler 3	Spieler 4
1				
2				
3				
4				
5				
Gesamt				

Zahlenmauern

Ergänze die fehlenden Zahlen.

Zahlenmauern

Lösungsseite

Ergänze die fehlenden Zahlen.

Geschickt addieren

Addiere geschickt. Ergänze die Zahlen und rechne die Aufgabe.

17 + 6 + 3 + 24 = ?

17 + ___ + 24 + ___

20 + 30 = ___

Vermischte Aufgaben zur Addition und Subtraktion

Geschickt addieren

Addiere geschickt. Ergänze die Zahlen und rechne die Aufgabe.

17 + 6 + 3 + 24 = ?

17 + 3 + 24 + 6

20 + 30 = 50

Lösungsseite

Geschickt addieren

Stelle die Zahlen um und rechne geschickt.

53 + 18 + 7 + 2 = ___

53 + ___ + ___ + ___ =

___ + ___ = ___

2 + 46 + 18 + 4 =
\+ + + =
\+ =

7 + 38 + 43 + 2 =
\+ + + =
\+ =

32 + 27 + 8 + 3 =
\+ + + =
\+ =

Geschickt addieren

Lösungsseite

Stelle die Zahlen um und rechne geschickt.

53 + 18 + 7 + 2 = 80

53 + 7 + 18 + 2 =

60 + 20 = 80

2 + 46 + 18 + 4 =

2 + 18 + 4 + 46 =

20 + 50 = 70

7 + 38 + 43 + 2 =

7 + 43 + 2 + 38 =

50 + 40 = 90

32 + 27 + 8 + 3 =

8 + 32 + 3 + 27 =

40 + 30 = 70

Vorgänger und Nachfolger

Rechne minus
zum Vorgänger-Zehner.

Rechne plus
zum Nachfolger-Zehner.

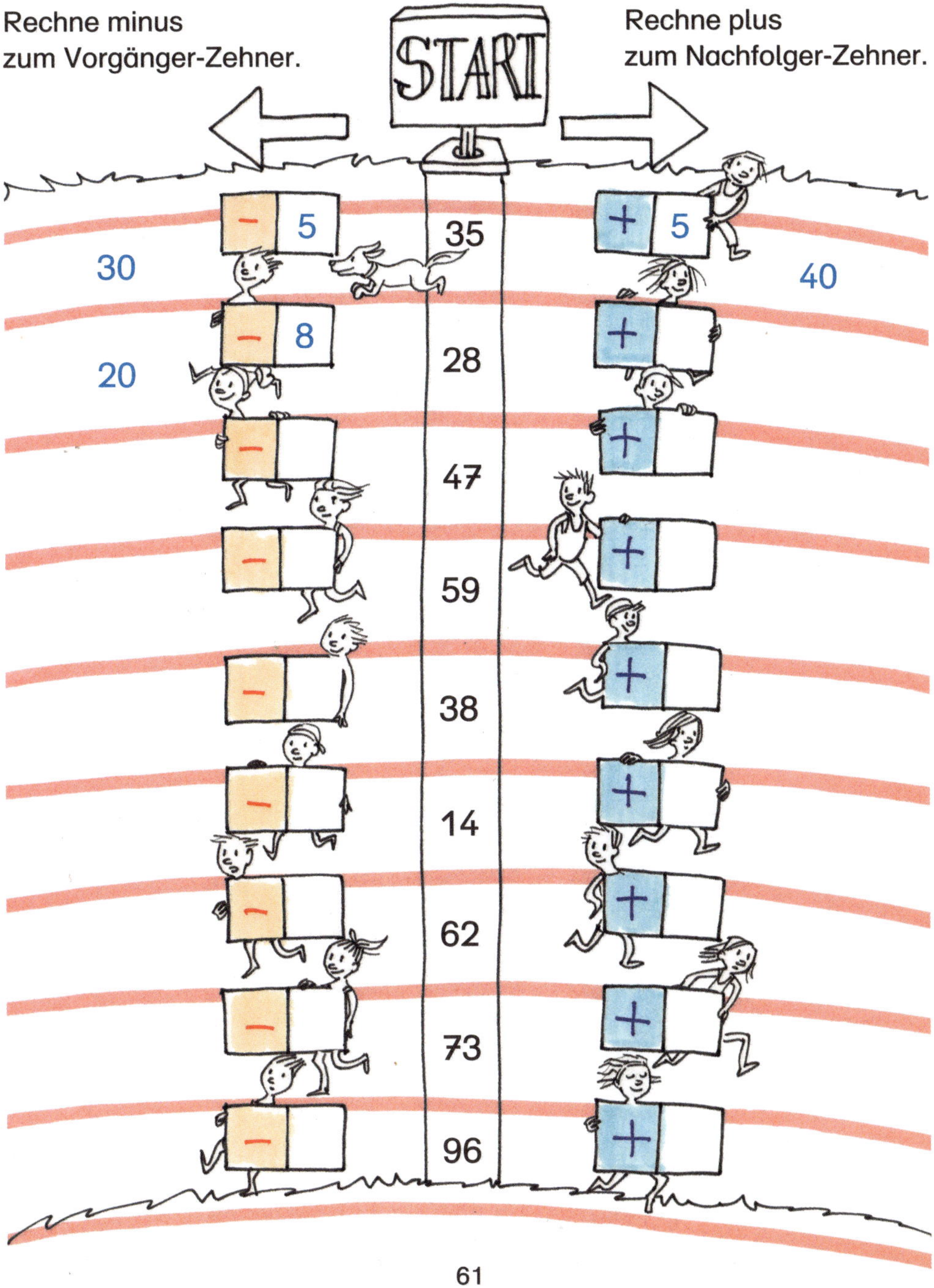

Vorgänger und Nachfolger

Rechne minus zum Vorgänger-Zehner. ← START → Rechne plus zum Nachfolger-Zehner.

Vorgänger-Zehner	minus	Zahl	plus	Nachfolger-Zehner
30	− 5	35	+ 5	40
20	− 8	28	+ 2	30
40	− 7	47	+ 3	50
50	− 9	59	+ 1	60
30	− 8	38	+ 2	40
10	− 4	14	+ 6	20
60	− 2	62	+ 8	70
70	− 3	73	+ 7	80
90	− 6	96	+ 4	100

Lösungsseite

Addieren

Rechne die Aufgaben.

53 + 4 =
26 + 2 =
64 + 3 =
82 + 7 =

42 + 10 =
35 + 40 =
67 + 20 =
29 + 30 =

26 + ☐ = 30
45 + ☐ = 50
68 + ☐ = 70
81 + ☐ = 90

57 + ☐ = 100
68 + ☐ = 100
76 + ☐ = 100
83 + ☐ = 100

28 + 4 =
28 + =
+ =

47 + 8 =
47 + =
+ =

Welche Zahlen fehlen
auf den Steinen?

Addieren

Rechne die Aufgaben.

53 + 4 = 57
26 + 2 = 28
64 + 3 = 67
82 + 7 = 89

42 + 10 = 52
35 + 40 = 75
67 + 20 = 87
29 + 30 = 59

26 + 4 = 30
45 + 5 = 50
68 + 2 = 70
81 + 9 = 90

57 + 43 = 100
68 + 32 = 100
76 + 24 = 100
83 + 17 = 100

28 + 4 = 32
28 + 2 = 30
30 + 2 = 32

47 + 8 = 55
47 + 3 = 50
50 + 5 = 55

Lösungsseite

Welche Zahlen fehlen auf den Steinen?

Geschickt subtrahieren

Rechne in zwei Schritten oder geschickt.

54 − 29 =

54 − 20 =

34 − 9 =

54 − 29

54 − 30 + 1 =

87 − 49 =

=

=

87 − 49

− + =

Geschickt subtrahieren

Rechne in zwei Schritten oder geschickt.

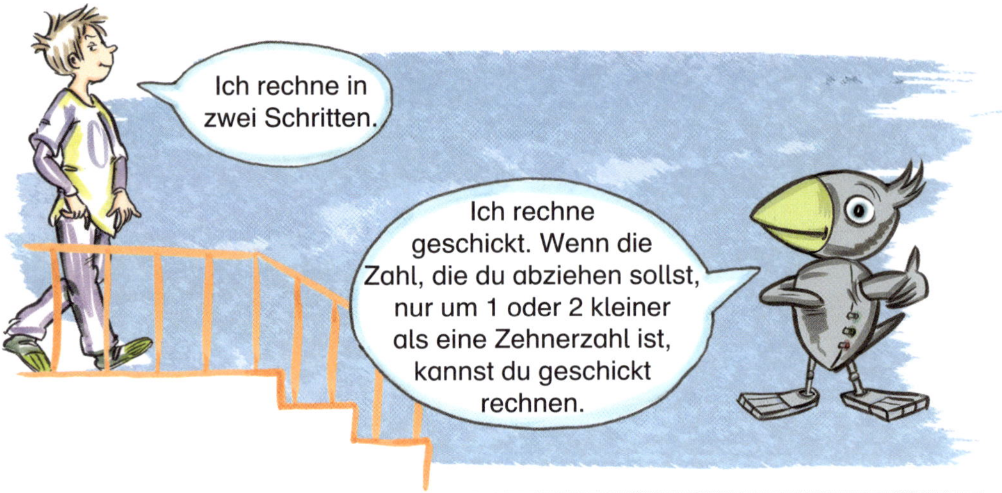

Lösungsseite

$54 - 29 = 25$

$54 - 20 = 34$

$34 - 9 = 25$

$54 - 29$

$54 - 30 + 1 = 25$

$87 - 49 = 38$

$87 - 40 = 47$

$47 - 9 = 38$

$87 - 49$

$87 - 50 + 1 = 38$

Geschickt subtrahieren

Rechne in zwei Schritten oder rechne geschickt.

74 − 59 = ____

74 − 59
− + =

96 − 39 = ____

96 − 39
− + =

48 − 29 = ____

48 − 29
− + =

Geschickt subtrahieren

Rechne in zwei Schritten oder rechne geschickt.

$74 - 59 = 15$
$74 - 50 = 24$
$24 - 9 = 15$

$74 - 59$
$74 - 60 + 1 = 15$

$96 - 39 = 57$
$96 - 30 = 66$
$66 - 9 = 57$

$96 - 39$
$96 - 40 + 1 = 57$

$48 - 29 = 19$
$48 - 20 = 28$
$28 - 9 = 19$

$48 - 29$
$48 - 30 + 1 = 19$

Lösungsseite

Subtrahieren

Löse alle Aufgaben.

20 − 7 =
40 − 6 =
50 − 8 =
30 − 3 =

26 − 3 =
39 − 4 =
48 − 6 =
67 − 5 =

17 −   = 10
25 −   = 20
73 −   = 70
95 −   = 90

36 − 20 =
45 − 30 =
97 − 60 =
63 − 40 =

32 − 7
32 −   −   =

83 − 9
83 −   −   =

84 − 26 =
84 −   =
−   =

80 − 42 =
80 −   =
−   =

Subtrahieren

Löse alle Aufgaben.

20 − 7 = 13
40 − 6 = 34
50 − 8 = 42
30 − 3 = 27

26 − 3 = 23
39 − 4 = 35
48 − 6 = 42
67 − 5 = 62

17 − 7 = 10
25 − 5 = 20
73 − 3 = 70
95 − 5 = 90

36 − 20 = 16
45 − 30 = 15
97 − 60 = 37
63 − 40 = 23

32 − 7
32 − 2 − 5 = 25

83 − 9
83 − 3 − 6 = 74

84 − 26 = 58
84 − 20 = 64
64 − 6 = 58

80 − 42 = 38
80 − 40 = 40
40 − 2 = 38

Zahlen verbinden

Hier musst du das Blatt drehen. Verbinde die Zahlenpunkte von 1 bis 33 der Reihe nach. Beginne bei 1.

Zahlen verbinden

Lösungsseite

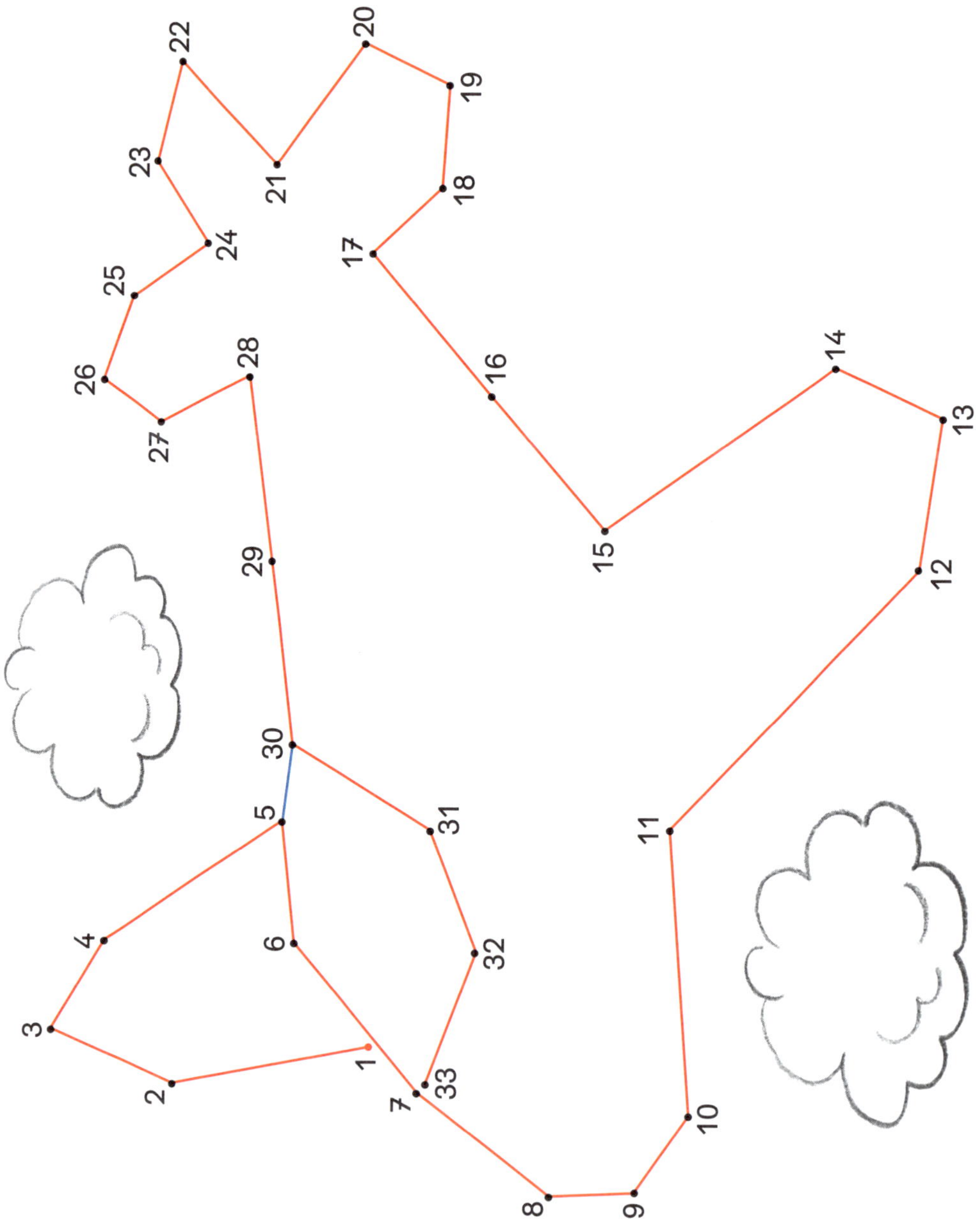

Einmaleins mit 2, 4 und 8

Übe das Einmaleins mit 2, 4 und 8. Trage neben jedem Ergebnis den passenden Lösungsbuchstaben ein. Wie heißt dein Lösungssatz?

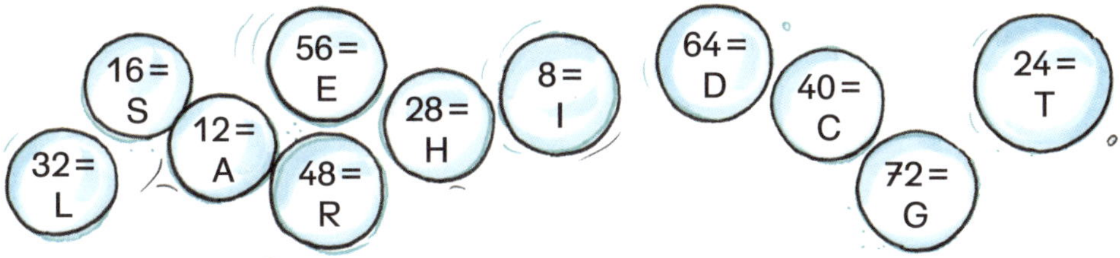

8 · 8 = 64 D	1 · 8 = ______	6 · 8 = ______
3 · 4 = ______	4 · 4 = ______	2 · 4 = ______
2 · 8 = ______	6 · 4 = ______	5 · 8 = ______
		7 · 4 = ______
	6 · 2 = ______	3 · 8 = ______
	4 · 8 = ______	4 · 2 = ______
	8 · 4 = ______	9 · 8 = ______
	7 · 8 = ______	
	8 · 2 = ______	

Zu jedem Ergebnis gehören zwei Aufgaben.
Male in der gleichen Farbe an, was zusammenpasst.

2 · 8	80	8 · 4
10 · 8	16	8 · 10
8 · 8	32	8 · 2
4 · 8	64	8 · 3
3 · 8	24	8 · 8
6 · 8	48	8 · 6

Einmaleins mit 2, 4 und 8

Übe das Einmaleins mit 2, 4 und 8. Trage neben jedem Ergebnis den passenden Lösungsbuchstaben ein. Wie heißt dein Lösungssatz?

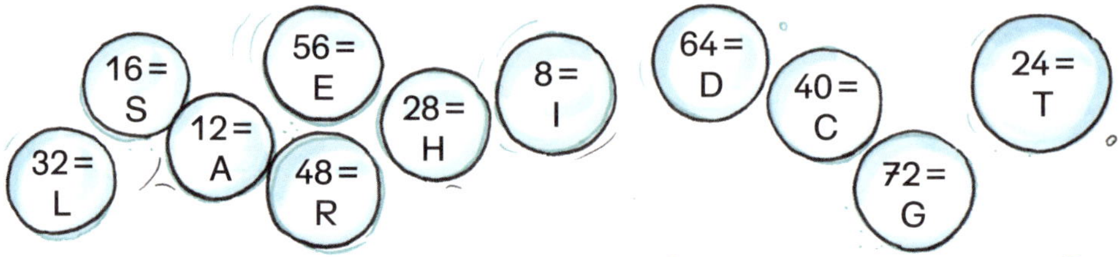

8 · 8 = 64 D
3 · 4 = 12 A
2 · 8 = 16 S

1 · 8 = 8 I
4 · 4 = 16 S
6 · 4 = 24 T

6 · 2 = 12 A
4 · 8 = 32 L
8 · 4 = 32 L
7 · 8 = 56 E
8 · 2 = 16 S

6 · 8 = 48 R
2 · 4 = 8 I
5 · 8 = 40 C
7 · 4 = 28 H
3 · 8 = 24 T
4 · 2 = 8 I
9 · 8 = 72 G

Lösungsseite

Zu jedem Ergebnis gehören zwei Aufgaben.
Male in der gleichen Farbe an, was zusammenpasst.

2 · 8	80	8 · 4
10 · 8	16	8 · 10
8 · 8	32	8 · 2
4 · 8	64	8 · 3
3 · 8	24	8 · 8
6 · 8	48	8 · 6

Einmaleins mit 1 und 10

Rechne alle Aufgaben.

$1 + 1 + 1 + 1 =$

$\cdot\ 1 =$

$1 \cdot 1 =$	$6 \cdot 1 =$
$2 \cdot 1 =$	$7 \cdot 1 =$
$3 \cdot 1 =$	$8 \cdot 1 =$
$4 \cdot 1 =$	$9 \cdot 1 =$
$5 \cdot 1 =$	$10 \cdot 1 =$

In einer Packung sind
10 Dosen Katzenfutter.

$10 + 10 =$ ____

____ $\cdot\ 10 =$ ____

$1 \cdot 10 =$
$2 \cdot 10 =$
$3 \cdot 10 =$
$4 \cdot 10 =$
$5 \cdot 10 =$

$6 \cdot 10 =$
$7 \cdot 10 =$
$8 \cdot 10 =$
$9 \cdot 10 =$
$10 \cdot 10 =$

Einmaleins mit 1 und 10

Rechne alle Aufgaben.

$1 + 1 + 1 + 1 = 4$

$4 \cdot 1 = 4$

$1 \cdot 1 = 1$	$6 \cdot 1 = 6$
$2 \cdot 1 = 2$	$7 \cdot 1 = 7$
$3 \cdot 1 = 3$	$8 \cdot 1 = 8$
$4 \cdot 1 = 4$	$9 \cdot 1 = 9$
$5 \cdot 1 = 5$	$10 \cdot 1 = 10$

Lösungsseite

$1 \cdot 10 = 10$
$2 \cdot 10 = 20$
$3 \cdot 10 = 30$
$4 \cdot 10 = 40$
$5 \cdot 10 = 50$
$6 \cdot 10 = 60$
$7 \cdot 10 = 70$
$8 \cdot 10 = 80$
$9 \cdot 10 = 90$
$10 \cdot 10 = 100$

In einer Packung sind 10 Dosen Katzenfutter.

$10 + 10 = 20$

$2 \cdot 10 = 20$

Vermischte Aufgaben

Löse alle Aufgaben.

1 · 5 =
2 · 5 =
3 · 5 =
4 · 5 =
5 · 5 =
6 · 5 =
7 · 5 =
8 · 5 =
9 · 5 =
10 · 5 =

1 · 5 = 5 · 1
2 · 5 = 1 · 10
4 · 5 = · 10
6 · 5 = · 10
8 · 5 = · 10
10 · 5 = · 10

·	1	5	10	4
2	2	10		
4				
8				

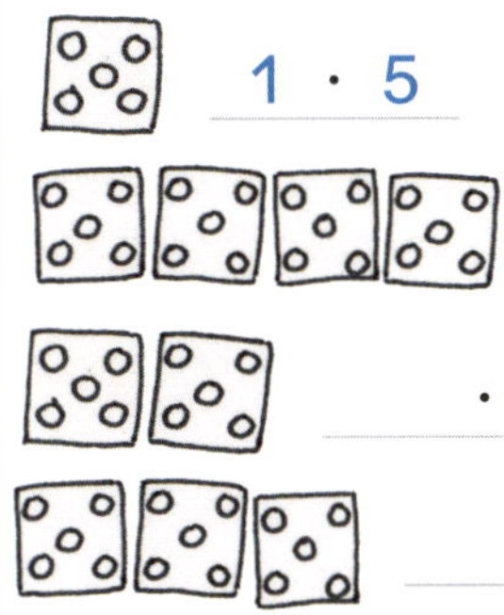

1 · 5

·

·

·

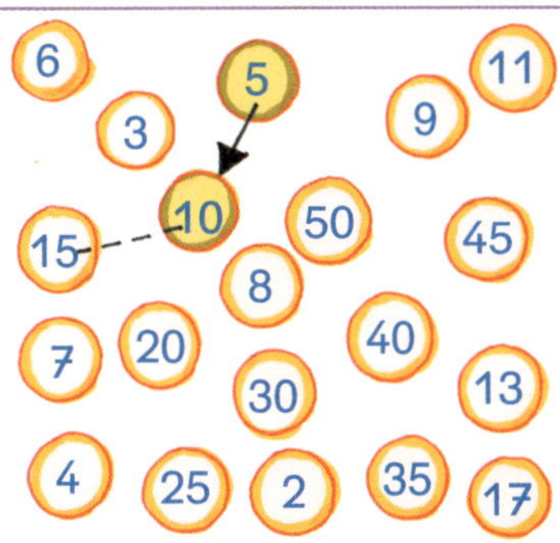

5 · 5 =
10 · 5 =
1 · 5 =
2 · 5 =
4 · 5 =
3 · 5 =
6 · 5 =
9 · 5 =
8 · 5 =

Vermischte Aufgaben

Löse alle Aufgaben.

1 · 5 = 5
2 · 5 = 10
3 · 5 = 15
4 · 5 = 20
5 · 5 = 25
6 · 5 = 30
7 · 5 = 35
8 · 5 = 40
9 · 5 = 45
10 · 5 = 50

1 · 5 = 5 · 1
2 · 5 = 1 · 10
4 · 5 = 2 · 10
6 · 5 = 3 · 10
8 · 5 = 4 · 10
10 · 5 = 5 · 10

·	1	5	10	4
2	2	10	20	8
4	4	20	40	16
8	8	40	80	32

1 · 5

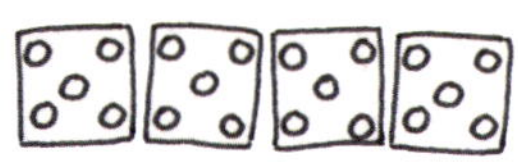
4 · 5

2 · 5

3 · 5

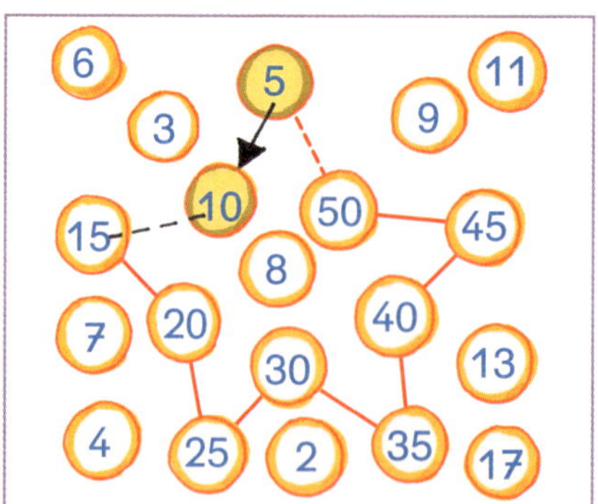

5 · 5 = 25
10 · 5 = 50
1 · 5 = 5
2 · 5 = 10
4 · 5 = 20
3 · 5 = 15
6 · 5 = 30
9 · 5 = 45
8 · 5 = 40

Lösungsseite

Einmaleins mit 3, 6 und 9

Rechne alle Aufgaben.

1 · 3 =	3
2 · 3 =	
3 · 3 =	
4 · 3 =	
5 · 3 =	
6 · 3 =	
7 · 3 =	
8 · 3 =	
9 · 3 =	
10 · 3 =	

1 · 6 =	6
2 · 6 =	
3 · 6 =	
4 · 6 =	
5 · 6 =	
6 · 9 =	
7 · 6 =	
8 · 6 =	
9 · 6 =	
10 · 6 =	

1 · 9 =	9
2 · 9 =	
3 · 9 =	
4 · 9 =	
5 · 9 =	
6 · 9 =	
7 · 9 =	
8 · 9 =	
9 · 9 =	
10 · 9 =	

Einmaleins mit 3, 6 und 9

Lösungsseite

Rechne alle Aufgaben.

$1 \cdot 3 = 3$
$2 \cdot 3 = 6$
$3 \cdot 3 = 9$
$4 \cdot 3 = 12$
$5 \cdot 3 = 15$
$6 \cdot 3 = 18$
$7 \cdot 3 = 21$
$8 \cdot 3 = 24$
$9 \cdot 3 = 27$
$10 \cdot 3 = 30$

$1 \cdot 6 = 6$
$2 \cdot 6 = 12$
$3 \cdot 6 = 18$
$4 \cdot 6 = 24$
$5 \cdot 6 = 30$
$6 \cdot 9 = 36$
$7 \cdot 6 = 42$
$8 \cdot 6 = 48$
$9 \cdot 6 = 54$
$10 \cdot 6 = 60$

$1 \cdot 9 = 9$
$2 \cdot 9 = 18$
$3 \cdot 9 = 27$
$4 \cdot 9 = 36$
$5 \cdot 9 = 45$
$6 \cdot 9 = 54$
$7 \cdot 9 = 63$
$8 \cdot 9 = 72$
$9 \cdot 9 = 81$
$10 \cdot 9 = 90$

Einmaleins mit 7

Rechne alle Aufgaben.

$7 + 7 + 7 + 7 =$

$\cdot\ 7 =$

$7 \cdot 1 =$
$7 \cdot 2 =$
$7 \cdot 3 =$
$7 \cdot 4 =$
$7 \cdot 5 =$

$1 \cdot 7 =$
$2 \cdot 7 =$
$3 \cdot 7 =$
$4 \cdot 7 =$
$5 \cdot 7 =$

$7 \cdot 6 =$
$7 \cdot 7 =$
$7 \cdot 8 =$
$7 \cdot 9 =$
$7 \cdot 10 =$

$6 \cdot 7 =$
$7 \cdot 7 =$
$8 \cdot 7 =$
$9 \cdot 7 =$
$10 \cdot 7 =$

Einmaleins mit 7

Rechne alle Aufgaben.

$7 + 7 + 7 + 7 = 28$

$4 \cdot 7 = 28$

$7 \cdot 1 = 7$	$1 \cdot 7 = 7$
$7 \cdot 2 = 14$	$2 \cdot 7 = 14$
$7 \cdot 3 = 21$	$3 \cdot 7 = 21$
$7 \cdot 4 = 28$	$4 \cdot 7 = 28$
$7 \cdot 5 = 35$	$5 \cdot 7 = 35$

$7 \cdot 6 = 42$	$6 \cdot 7 = 42$
$7 \cdot 7 = 49$	$7 \cdot 7 = 49$
$7 \cdot 8 = 56$	$8 \cdot 7 = 56$
$7 \cdot 9 = 63$	$9 \cdot 7 = 63$
$7 \cdot 10 = 70$	$10 \cdot 7 = 70$

Lösungsseite

Kernaufgaben

Zerlege die Malaufgaben in zwei Aufgaben.

$7 \cdot 8 =$

$5 \cdot 8 + 2 \cdot 8 =$

$9 \cdot 8 =$

$10 \cdot 8 - 1 \cdot 8 =$

$7 \cdot 5 =$

$5 \cdot 5 + 2 \cdot 5 =$

$9 \cdot 5 =$

$10 \cdot 5 - 1 \cdot 5 =$

$7 \cdot 6 =$

$5 \cdot 6 + \quad \cdot 6 =$

Kernaufgaben

Zerlege die Malaufgaben in zwei Aufgaben.

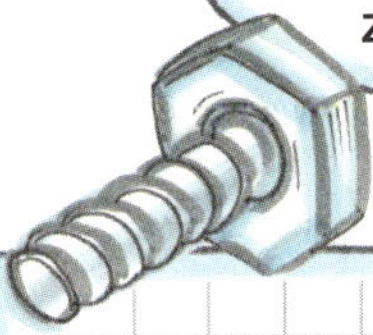

$7 \cdot 8 = 56$

$5 \cdot 8 + 2 \cdot 8 = 56$

$9 \cdot 8 = 72$

$10 \cdot 8 - 1 \cdot 8 = 72$

$7 \cdot 5 = 35$

$5 \cdot 5 + 2 \cdot 5 = 35$

$9 \cdot 5 = 45$

$10 \cdot 5 - 1 \cdot 5 = 45$

$7 \cdot 6 = 42$

$5 \cdot 6 + 2 \cdot 6 = 42$

Lösungsseite

Vermischte Aufgaben

Zu jedem Ergebnis passen zwei Aufgaben.
Verbinde, was zusammengehört.

Vermischte Aufgaben

Zu jedem Ergebnis passen zwei Aufgaben.
Verbinde, was zusammengehört.

Lösungsseite

Verdoppeln

Lege einen Spiegel an die rote Schnur und verdopple alles.
Schreibe die passenden Aufgaben.

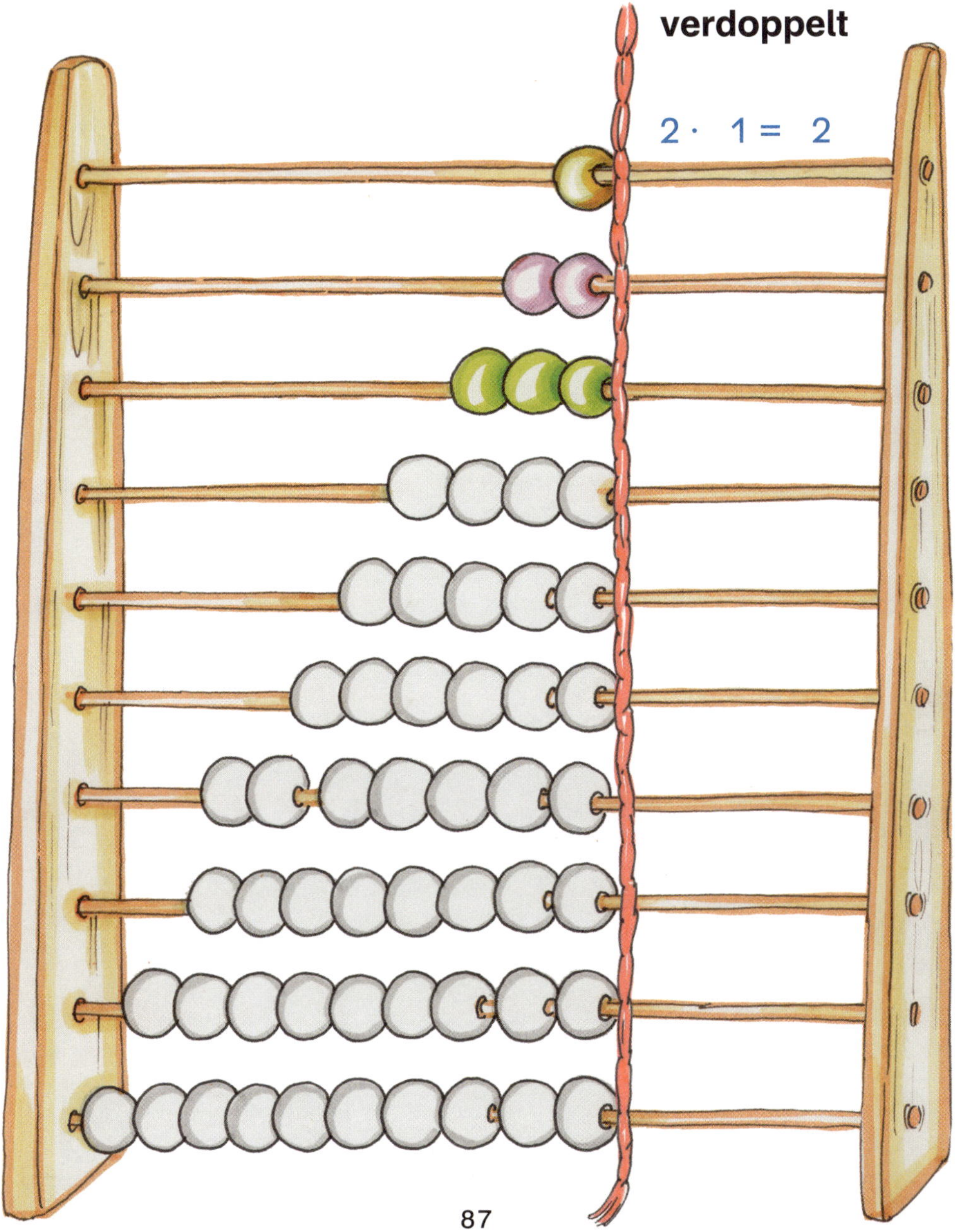

Verdoppeln

Lege einen Spiegel an die rote Schnur und verdopple alles.
Schreibe die passenden Aufgaben.

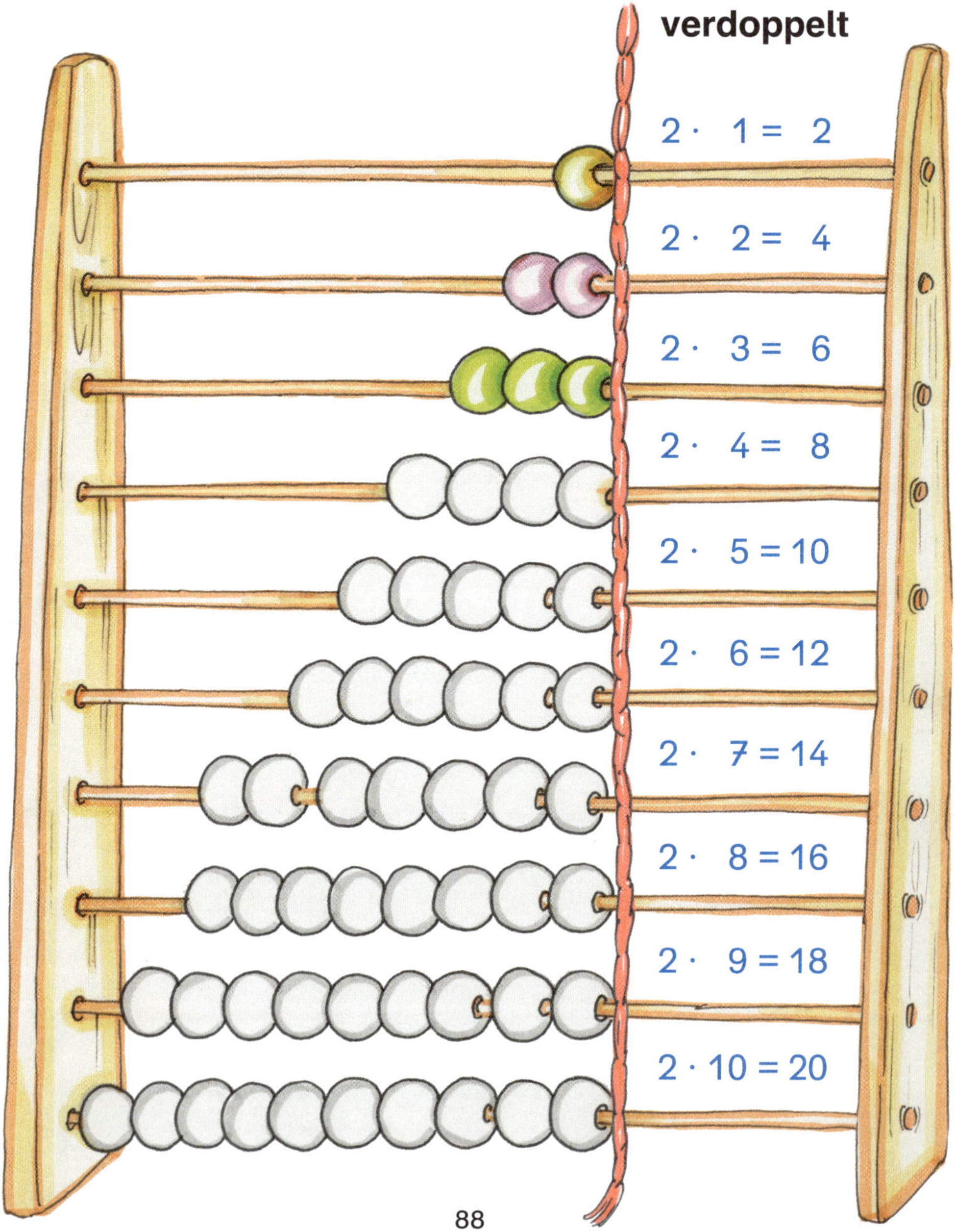

verdoppelt

2 · 1 = 2

2 · 2 = 4

2 · 3 = 6

2 · 4 = 8

2 · 5 = 10

2 · 6 = 12

2 · 7 = 14

2 · 8 = 16

2 · 9 = 18

2 · 10 = 20

Schatzsuche

Zeichne in das Spielfeld „Meine Schätze“ 4 Goldmünzen, 3 Geldsäcke, 1 Schatzkiste und 1 Superschatz senkrecht oder waagerecht ein, indem du Kreise einträgst. Lasse zwischen den Schätzen mindestens 1 Kästchen Abstand. Der Gegenspieler geht genauso vor. Der 1. Spieler nennt nun das Kästchen, in dem er einen Schatz des Gegenspielers vermutet, z. B. B2. Hat er einen Schatz entdeckt, trägt er in das „Schätze des Gegners“ ein Kreuz ein. Er darf so lange fragen, bis er falsch tippt. Falsche Stellen werden mit einem Strich markiert. Jetzt ist der andere Spieler an der Reihe. Wer zuerst alle Schätze des Gegners entdeckt hat, ist Sieger.

4 x Goldmünze ○

3 x Geldsack ○○

1 x Schatzkiste ○○○

1 x Superschatz ○○○○

1. Spieler

Meine Schätze

	1	2	3	4	5	6	7	8	9	10
A										
B										
C										
D										
E										
F										
G										
H										
I										
J										

Schätze des Gegners

	1	2	3	4	5	6	7	8	9	10
A										
B										
C										
D										
E										
F										
G										
H										
I										
J										

Schatzsuche

Zeichne in das Spielfeld „Meine Schätze“ 4 Goldmünzen, 3 Geldsäcke, 1 Schatzkiste und 1 Superschatz senkrecht oder waagerecht ein, indem du Kreise einträgst. Lasse zwischen den Schätzen mindestens 1 Kästchen Abstand. Der Gegenspieler geht genauso vor. Der 1. Spieler nennt nun das Kästchen, in dem er einen Schatz des Gegenspielers vermutet, z. B. B2. Hat er einen Schatz entdeckt, trägt er in das „Schätze des Gegners“ ein Kreuz ein. Er darf so lange fragen, bis er falsch tippt. Falsche Stellen werden mit einem Strich markiert. Jetzt ist der andere Spieler an der Reihe. Wer zuerst alle Schätze des Gegners entdeckt hat, ist Sieger.

4 x Goldmünze ○

3 x Geldsack ○○

1 x Schatzkiste ○○○

1 x Superschatz ○○○○

2. Spieler

Meine Schätze

	1	2	3	4	5	6	7	8	9	10
A										
B										
C										
D										
E										
F										
G										
H										
I										
J										

Schätze des Gegners

	1	2	3	4	5	6	7	8	9	10
A										
B										
C										
D										
E										
F										
G										
H										
I										
J										

Dividieren

Teile die Mengen auf und rechne die Geteiltaufgaben aus.

16 : 4 =

12 : 2 =

21 : 3 =

16 : 2 =

20 : 5 =

Dividieren

Teile die Mengen auf und rechne die Geteiltaufgaben aus.

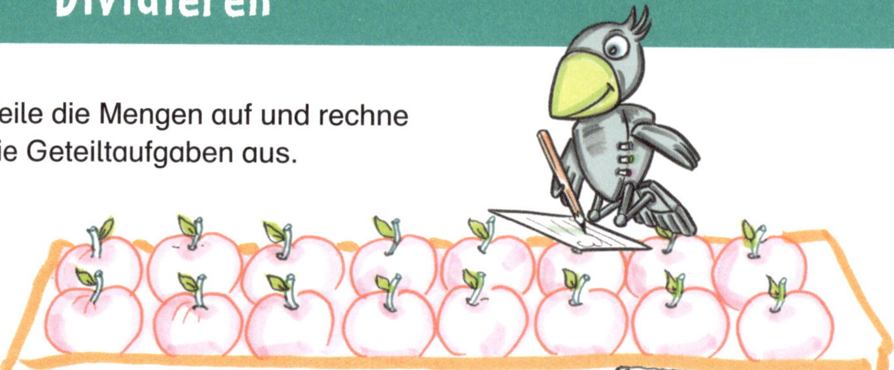

16 : 4 = 4

12 : 2 = 6

21 : 3 = 7

16 : 2 = 8

20 : 5 = 4

Dividieren

Nur wer 7 als Ergebnis hat, ist Sieger.
Male das passende Trikot des Kindes an.

Dividieren

Nur wer 7 als Ergebnis hat, ist Sieger.
Male das passende Trikot des Kindes an.

Lösungsseite

Dividieren mit Probe

Suche zu jeder Geteiltaufgabe die passende Probeaufgabe und rechne.

Geteiltaufgabe	Probeaufgabe
49 : 7 = 7	7 · 7 = 49
56 : 8 = 7	8 · 7 =
36 : 4 =	4 · =
54 : 9 =	
27 : 3 =	
81 : 9 =	
32 : 8 =	
24 : 3 =	
45 : 5 =	

Dividieren mit Probe

Suche zu jeder Geteiltaufgabe die passende Probeaufgabe und rechne.

Geteiltaufgabe	Probeaufgabe
49 : 7 = 7	7 · 7 = 49
56 : 8 = 7	8 · 7 = 56
36 : 4 = 9	4 · 9 = 36
54 : 9 = 6	9 · 6 = 54
27 : 3 = 9	3 · 9 = 27
81 : 9 = 9	9 · 9 = 81
32 : 8 = 4	8 · 4 = 32
24 : 3 = 8	3 · 8 = 24
45 : 5 = 9	5 · 9 = 45

Lösungsseite

Dividieren mit Probe

Zu jeder Geteiltaufgabe gehört eine Malaufgabe. Male die passenden Hunde in der gleichen Farbe an und rechne.

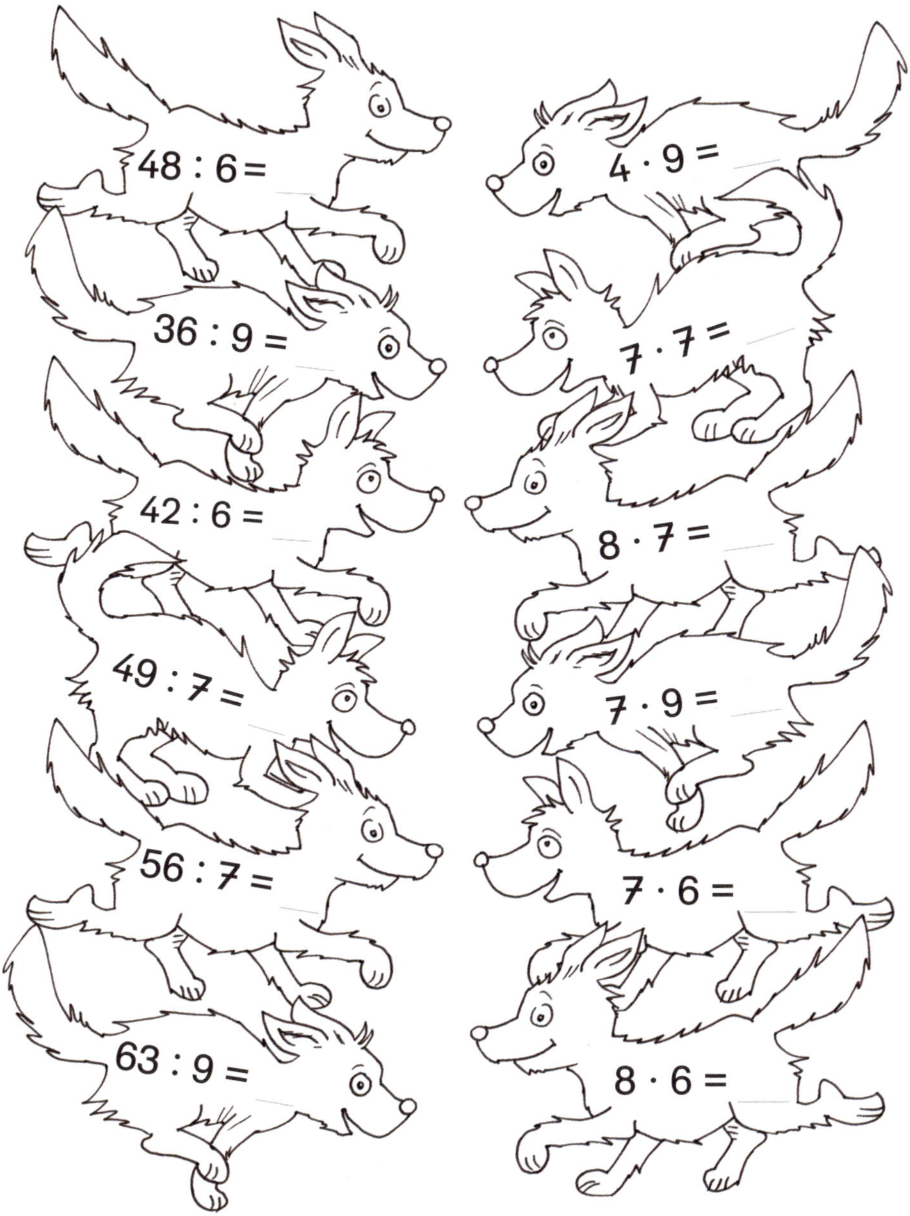

Dividieren mit Probe

Zu jeder Geteiltaufgabe gehört eine Malaufgabe. Male die passenden Hunde in der gleichen Farbe an und rechne.

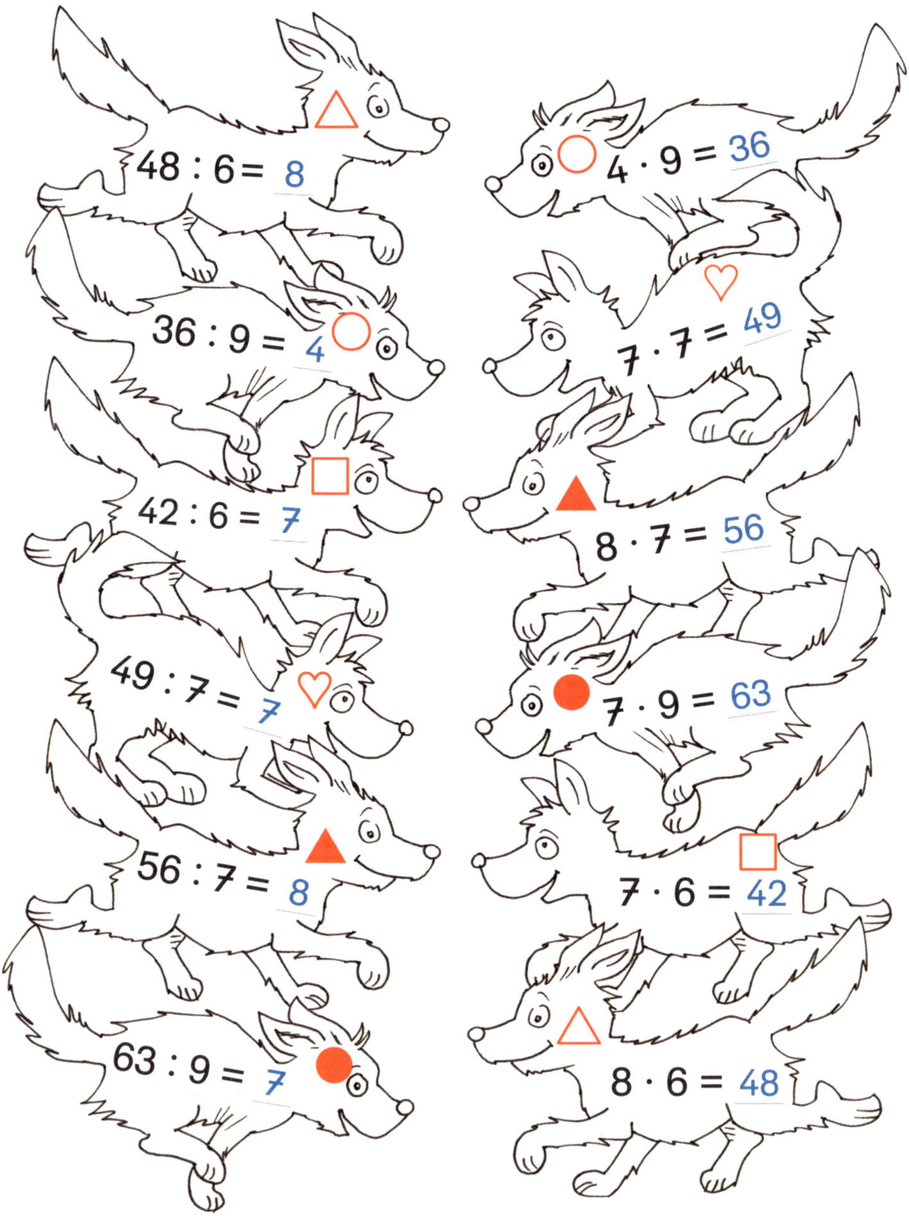

Lösungsseite

Dividieren mit Rest

Verteile alles gerecht auf die 3 Kinder und rechne die Aufgaben.

14 : 3 = 4 Rest 2

17 : 3 = Rest

11 : 3 = Rest

15 : 3 = Rest

7 : 3 = Rest

13 : 3 = Rest

Dividieren mit Rest

Verteile alles gerecht auf die 3 Kinder und rechne die Aufgaben.

14 : 3 = 4 Rest 2

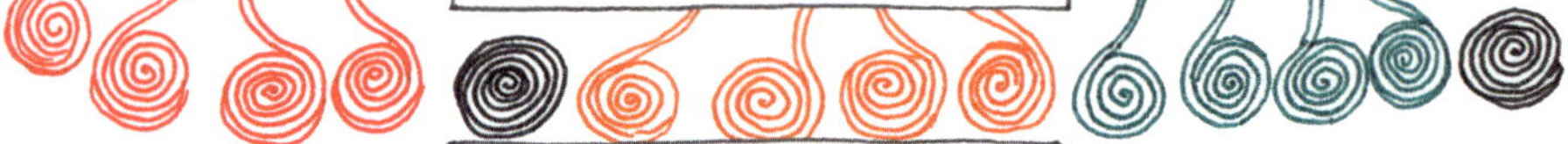

17 : 3 = 5 Rest 2

11 : 3 = 3 Rest 2

15 : 3 = 5 Rest 0

7 : 3 = 2 Rest 1

13 : 3 = 4 Rest 1

Lösungsseite

Dividieren mit Rest und Probe

Rechne die Aufgaben und suche die passenden Probeaufgaben.

Geteiltaufgabe	Probeaufgabe
14 : 5 = R	· 5 + =
23 : 4 = R	
11 : 8 = R	
7 : 2 = R	
16 : 3 = R	
19 : 3 = R	
26 : 8 = R	
17 : 5 = R	
43 : 6 = R	
84 : 9 = R	
17 : 8 = R	
26 : 7 = 3 R 5	3 · 7 + 5 = 26

Dividieren mit Rest und Probe

Rechne die Aufgaben und suche die passenden Probeaufgaben.

Geteiltaufgabe	Probeaufgabe
14 : 5 = 2 R 4	2 · 5 + 4 = 14
23 : 4 = 5 R 3	5 · 4 + 3 = 23
11 : 8 = 1 R 3	1 · 8 + 3 = 11
7 : 2 = 3 R 1	3 · 2 + 1 = 7
16 : 3 = 5 R 1	5 · 3 + 1 = 16
19 : 3 = 6 R 1	6 · 3 + 1 = 19
26 : 8 = 3 R 2	3 · 8 + 2 = 26
17 : 5 = 3 R 2	3 · 5 + 2 = 17
43 : 6 = 7 R 1	7 · 6 + 1 = 43
84 : 9 = 9 R 3	9 · 9 + 3 = 84
17 : 8 = 2 R 1	2 · 8 + 1 = 17
26 : 7 = 3 R 5	3 · 7 + 5 = 26

Vermischte Aufgaben

Suche immer die Hälfte und verbinde, was zusammengehört.

Rechne aus.

56 : 8 = 7	18 : 2 =
14 : 7 =	35 : 5 =
36 : 6 =	45 : 9 =
64 : 8 =	21 : 3 =
20 : 2 =	28 : 7 =

Teile durch 10, indem du eine Null wegstreichst.

10 : 10 =	60 : 10 =
20 : 10 =	70 : 10 =
30 : 10 =	80 : 10 =
40 : 10 =	90 : 10 =
50 : 10 =	100 : 10 = 10

Vermischte Aufgaben

Suche immer die Hälfte und verbinde, was zusammengehört.

Lösungsseite

Rechne aus.

56 : 8 = 7
14 : 7 = 2
36 : 6 = 6
64 : 8 = 8
20 : 2 = 10

18 : 2 = 9
35 : 5 = 7
45 : 9 = 5
21 : 3 = 7
28 : 7 = 4

Teile durch 10, indem du eine Null wegstreichst.

10 : 10 = 1
20 : 10 = 2
30 : 10 = 3
40 : 10 = 4
50 : 10 = 5

60 : 10 = 6
70 : 10 = 7
80 : 10 = 8
90 : 10 = 9
100 : 10 = 10

Vermischte Aufgaben

Rechne aus.

12 : 6 =
28 : 7 =
15 : 3 =
56 : 8 =

81 : 9 =
72 : 8 =
24 : 6 =
49 : 7 =

Rechne mit Probe P.

42 : 6 =
P · =
32 : 8 =
P · =
56 : 7 =
P · =

Rechne aus. Es bleibt ein Rest (R).

47 : 7 = R
51 : 8 = R
27 : 6 = R
21 : 6 = R
46 : 5 = R
19 : 4 = R
17 : 7 = R

Halbiere.

10 |
20 |
16 |

Rechne die Aufgaben.

80 : 10 =
50 : 10 =
90 : 10 =

Vermischte Aufgaben

Rechne aus.

12 : 6 = 2
28 : 7 = 4
15 : 3 = 5
56 : 8 = 7

81 : 9 = 9
72 : 8 = 9
24 : 6 = 4
49 : 7 = 7

Rechne mit Probe P.

42 : 6 = 7
P 7 · 6 = 42
32 : 8 = 4
P 4 · 8 = 32
56 : 7 = 8
P 8 · 7 = 56

Rechne aus. Es bleibt ein Rest (R).

47 : 7 = 6 R 5
51 : 8 = 6 R 3
27 : 6 = 4 R 3
21 : 6 = 3 R 3
46 : 5 = 9 R 1
19 : 4 = 4 R 3
17 : 7 = 2 R 3

Halbiere.

10	5
20	10
16	8

Rechne die Aufgaben.

80 : 10 = 8
50 : 10 = 5
90 : 10 = 9

Lösungsseite

Schau genau!

Welche Uhr gibt es nur einmal?

Schau genau!

12.50
11.05
03.55
03.55
03.55
07.05
12.50
12.50
11.05
03.55
07.05
07.05
06.55
11.05
03.55
11.05
12.50
03.55
12.50
07.05
11.05
12.50
07.05

Euro und Cent

Zähle das Geld.
Rechne die Cent in Euro um.

102 Cent =

1 € 2 Cent

Euro und Cent

Zähle das Geld.
Rechne die Cent in Euro um.

102 Cent =

1 € 2 Cent

220 Cent =

2 € 20 Cent

300 Cent =

3 €

407 Cent =

4 € 7 Cent

Rechnen mit Euro

Rechne aus, was die Kinder bezahlen.

Pia kauft den Teddy und die Uhr.

44 € + 18 € =

Pia bezahlt

Julius kauft die Sportschuhe und den Fußball.

Julius bezahlt

Annika kauft 3 Speckmäuse und die Schokolade.

Annika bezahlt

Rechnen mit Euro

Rechne aus, was die Kinder bezahlen.

Pia kauft den Teddy und die Uhr.

44 € + 18 € = 62 €

Pia bezahlt 62 €.

Julius kauft die Sportschuhe und den Fußball.

39 € + 26 € = 65 €

Julius bezahlt 65 €.

Annika kauft 3 Speckmäuse und die Schokolade.

15 Cent + 50 Cent = 65 Cent

Annika bezahlt 65 Cent.

Lösungsseite

Kommaschreibweise

Immer zwei Karten gehören zusammen.
Verbinde sie.

45 € 70 Cent	61,45 €
16 € 15 Cent	13,60 €
61 € 45 Cent	16,15 €
13 € 60 Cent	45,70 €

Statt 2 € 20 Cent kannst du auch 2,20 € schreiben.

Kommaschreibweise

Immer zwei Karten gehören zusammen.
Verbinde sie.

- 45 € 70 Cent
- 16 € 15 Cent
- 61 € 45 Cent
- 13 € 60 Cent

- 61,45 €
- 13,60 €
- 16,15 €
- 45,70 €

Lösungsseite

Statt 2 € 20 Cent kannst du auch 2,20 € schreiben.

Kommaschreibweise

Kannst du das mit einem Komma schreiben?

1 € 50 Cent =	1,50 €
3 € 60 Cent =	
4 € 48 Cent =	
23 € 15 Cent =	23,15 €
65 € 95 Cent =	
81 € 20 Cent =	
12 € 65 Cent =	
76 € 45 Cent =	
95 € 99 Cent =	
50 € 25 Cent =	
8 € 5 Cent =	
9 € 12 Cent =	
5 € 69 Cent =	

37 € 66 Cent =	
64 € 82 Cent =	
48 € 34 Cent =	
91 € 22 Cent =	

Kommaschreibweise

Kannst du das mit einem Komma schreiben?

1 € 50 Cent =	1,50 €
3 € 60 Cent =	3,60 €
4 € 48 Cent =	4,48 €
23 € 15 Cent =	23,15 €
65 € 95 Cent =	65,95 €
81 € 20 Cent =	81,20 €
12 € 65 Cent =	12,65 €
76 € 45 Cent =	76,45 €
95 € 99 Cent =	95,99 €
50 € 25 Cent =	50,25 €
8 € 5 Cent =	8,05 €
9 € 12 Cent =	9,12 €
5 € 69 Cent =	5,69 €

37 € 66 Cent =	37,66 €
64 € 82 Cent =	64,82 €
48 € 34 Cent =	48,34 €
91 € 22 Cent =	91,22 €

Wechselgeld

Markus bezahlt beim Einkaufen immer mit einem Geldschein.
Wie viel Wechselgeld erhält er zurück?
Schreibe immer als Ergänzungsaufgabe.

9 € + ____ € = 100 €

So viel bekommt er zurück: ____

100 €

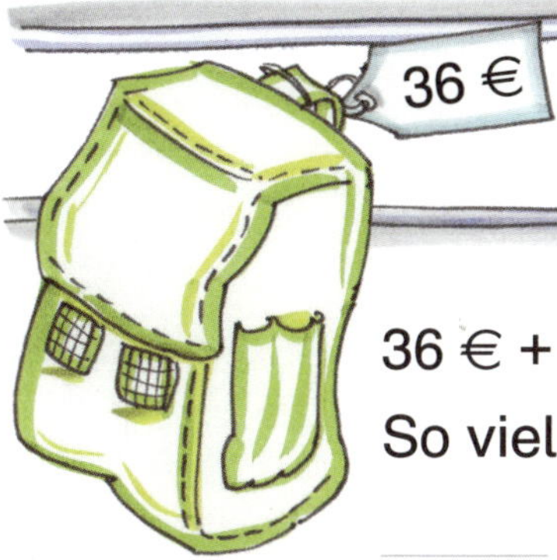

36 € + ____ € = 50 €

So viel bekommt er zurück: ____

50 €

73 € + ____ € = 100 €

So viel bekommt er zurück: ____

100 €

Wechselgeld

Lösungsseite

Markus bezahlt beim Einkaufen immer mit einem Geldschein.
Wie viel Wechselgeld erhält er zurück?
Schreibe immer als Ergänzungsaufgabe.

9 € + 91 € = 100 €

So viel bekommt er zurück: 91 €

100 €

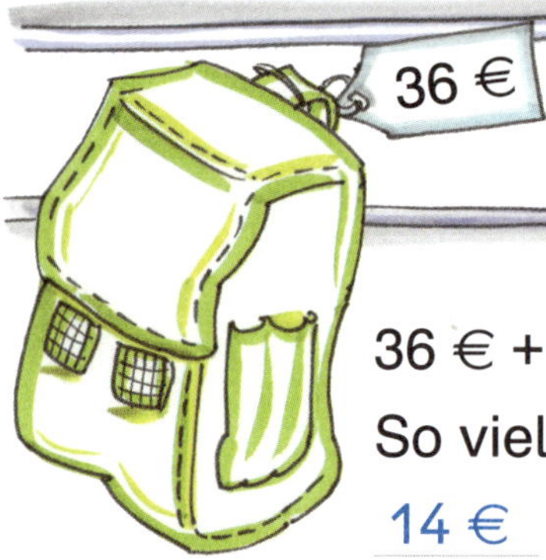

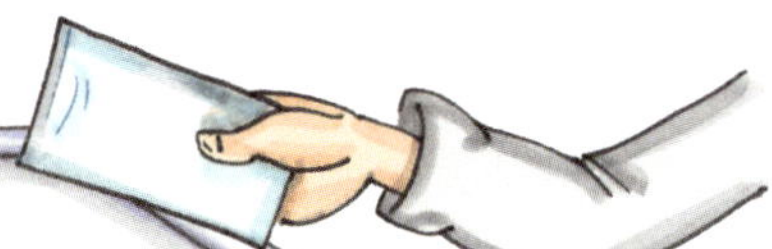

36 € + 14 € = 50 €

So viel bekommt er zurück: 14 €

50 €

73 € + 27 € = 100 €

So viel bekommt er zurück: 27 €

100 €

Sachaufgaben: Geld

Lies den Text sehr genau und rechne die Aufgaben aus.
Schreibe die Antwort.

Max und Mia wollen sich ein Eis kaufen.
Max hat 40 Cent und Mia 1,20 €.

Frage: Wie viel haben sie zusammen?

Rechnung:

Antwort:

Lisa hat 1,20 €. Ihre Freundin Katrin gibt 50 Cent dazu.

Frage: Wie viel Geld haben die beiden?

Rechnung:

Antwort:

Sachaufgaben: Geld

Lies den Text sehr genau und rechne die Aufgaben aus.
Schreibe die Antwort.

Max und Mia wollen sich ein Eis kaufen.
Max hat 40 Cent und Mia 1,20 €.

Frage: Wie viel haben sie zusammen?

Rechnung:
1,20 € + 0,40 € = 1,60 €

Antwort: Sie haben 1,60 € zusammen.

Lisa hat 1,20 €. Ihre Freundin Katrin gibt 50 Cent dazu.

Frage: Wie viel Geld haben die beiden?

Rechnung:
1,20 € + 0,50 € = 1,70 €

Antwort: Sie haben 1,70 €.

Sachaufgaben: Geld

Löse die Textaufgaben.

Timo kauft sich ein Heft für 25 Cent und zwei Stifte zu je 2 €.

Frage: Wie viel muss er bezahlen?

Rechnung:

Antwort:

Luise hat 5 €. Sie leiht Lisa 2 € und 50 Cent.

Frage: Wie viel Geld hat Luise noch?

Rechnung:

Antwort:

Sachaufgaben: Geld

Löse die Textaufgaben.

Timo kauft sich ein Heft für 25 Cent und zwei Stifte zu je 2 €.

Frage: Wie viel muss er bezahlen?

Rechnung: 2 € + 2 € + 0,25 € = 4,25 €

Antwort: Er muss 4,25 € bezahlen.

Luise hat 5 €. Sie leiht Lisa 2 € und 50 Cent.

Frage: Wie viel Geld hat Luise noch?

Rechnung: 5 € – 2,50 € = 2,50 €

Antwort: Sie hat noch 2,50 €.

Sachaufgaben: Geld

Unterstreiche in der Textaufgabe, was wichtig ist. Finde die Frage. Schreibe die Rechenaufgabe auf und antworte mit einem Satz.

Katharina geht mit ihren 6 Freunden ins Kino. Alle sind 7 Jahre alt. Sie sehen einen Trickfilm. Eine Kinokarte kostet für Kinder 4 €. Katharina kauft für sich und ihre Freunde Karten.

Frage:

Rechnung:

Antwort:

Sachaufgaben: Geld

Unterstreiche in der Textaufgabe, was wichtig ist. Finde die Frage.
Schreibe die Rechenaufgabe auf und antworte mit einem Satz.

Katharina geht mit ihren 6 Freunden ins Kino. Alle sind 7 Jahre alt. Sie sehen einen Trickfilm. Eine Kinokarte kostet für Kinder 4 €. Katharina kauft für sich und ihre Freunde Karten.

Frage: Wie viel bezahlen die Kinder zusammen?

Rechnung: 4 € · 7 = 28 €

Antwort: Sie bezahlen 28 Euro.

Würfelspiel

So geht's:
Du brauchst zwei Würfel und verschiedene Farbstifte in der Anzahl der Mitspieler. Es können bis zu 3 Personen teilnehmen. Die Spieler würfeln der Reihe nach mit 2 Würfeln und lösen die Malaufgabe, die sich durch die Würfelpunkte ergibt. Beispiel: Wenn die Würfel die Augenzahl 2 und 6 zeigen, rechnest du $2 \cdot 6 = 12$. Nun wird das passende Ergebnisfeld angemalt. Der Nächste ist dran. Wenn ein Feld schon eingefärbt ist, würfelt der nächste Mitspieler. Wer zum Schluss die meisten Felder angemalt hat, hat gewonnen.

1	2	3	4	5	6
8	9	10	12	14	15
20	24	25	18	28	30
28	24	25	20	18	16
14	12	10	9	8	6
		36			

Würfelspiel

Hier kannst du noch einmal spielen.

1	2	3	4	5	6
8	9	10	12	14	15
20	24	25	18	28	30
28	24	25	20	18	16
14	12	10	9	8	6
		36			

Längen: Zentimeter

Wie lang sind die Kletterseile der Zwerge?
Miss aus und trage ein.

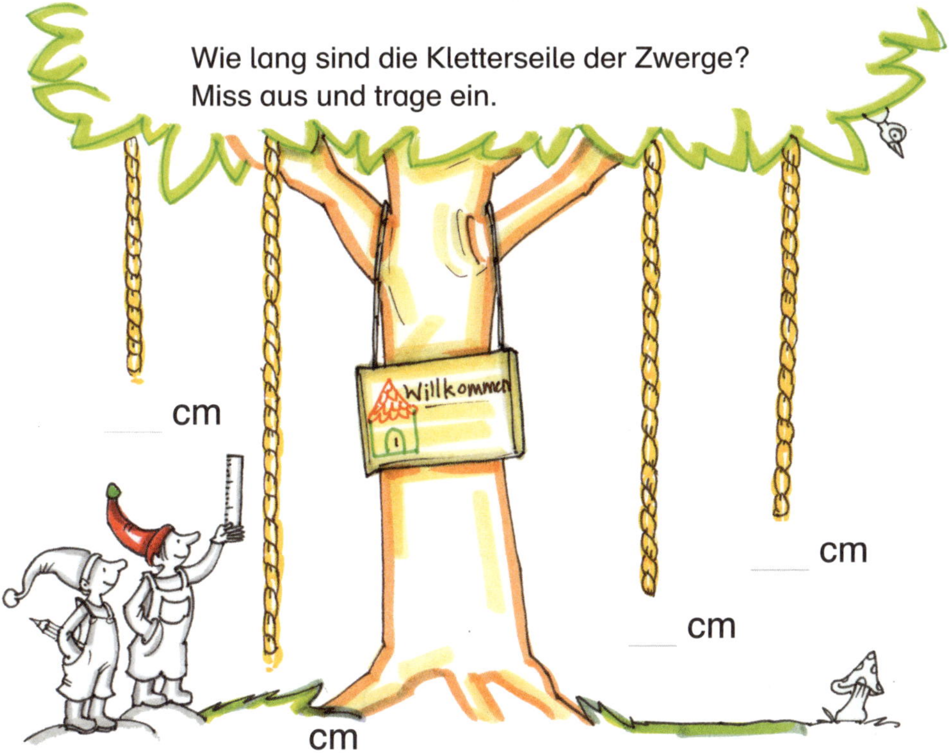

___ cm

___ cm

___ cm

___ cm

Zeichne folgende Strecken:

3 cm

8 cm

5 cm

10 cm

7 cm

Längen: Zentimeter

Wie lang sind die Kletterseile der Zwerge?
Miss aus und trage ein.

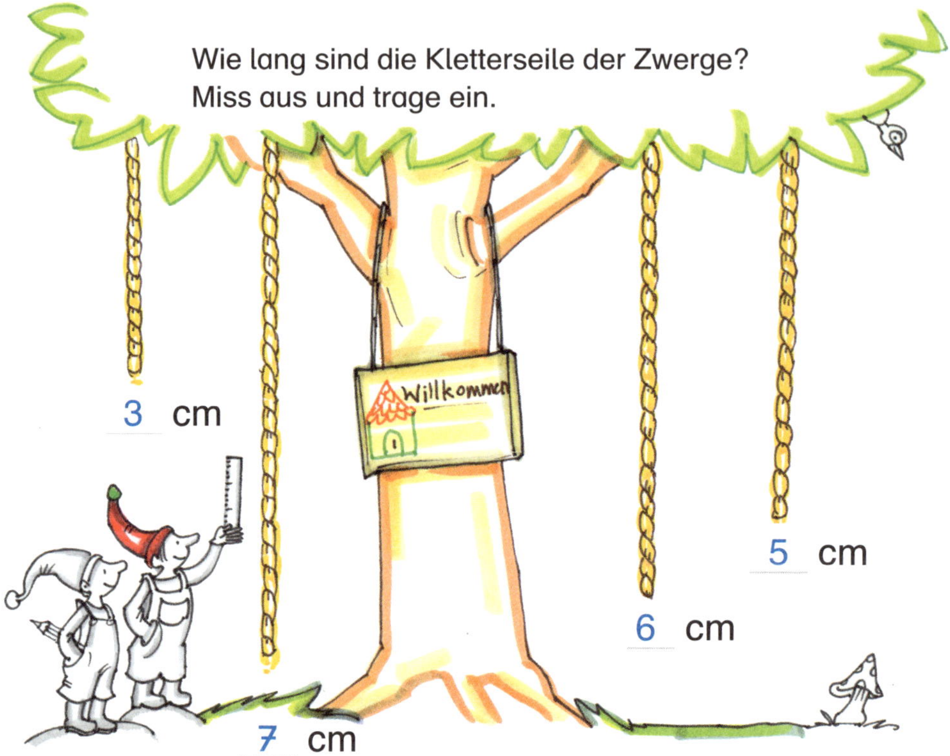

Lösungsseite

Zeichne folgende Strecken:

3 cm

8 cm

5 cm

10 cm

7 cm

Längen: Meter

Wer wirft am weitesten? Male das richtige Kind an.

Längen: Meter

Wer wirft am weitesten? Male das richtige Kind an.

Lösungsseite

Rechnen mit Metern und Zentimetern

Rechne mit Zentimetern.

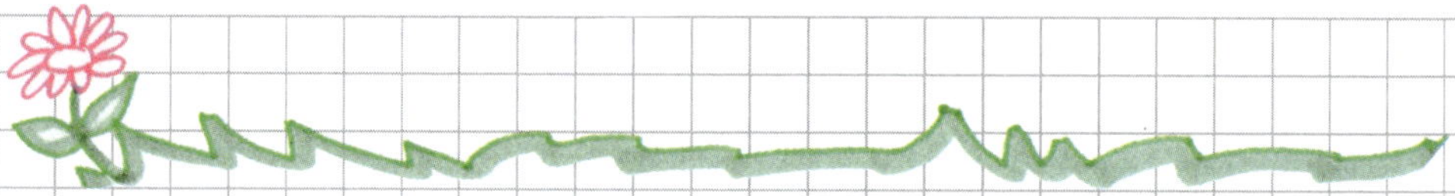

11 cm + 50 cm = 61 cm
42 cm + 20 cm =
33 cm + 40 cm =
24 cm + 60 cm =
6 cm + 80 cm =
57 cm + 20 cm =
18 cm + 30 cm =
69 cm + 10 cm =
2 cm + 20 cm =

Rechne mit Metern.

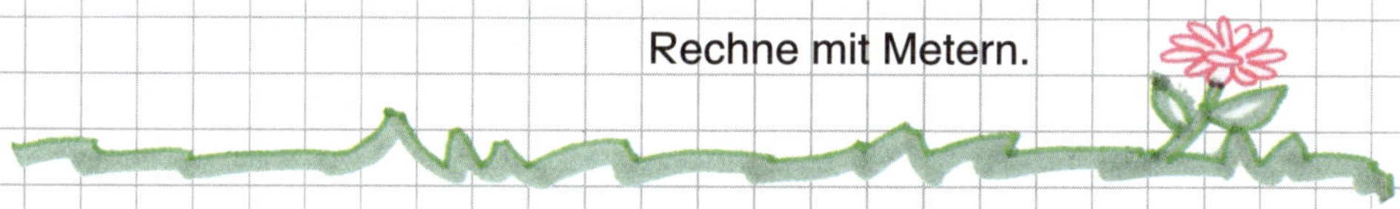

21 m + 40 m = 61 m
20 m + 43 m =
34 m + 30 m =
50 m + 23 m =
7 m + 60 m =
56 m + 10 m =
28 m + 40 m =
58 m + 20 m =
3 m + 40 m =

Rechnen mit Metern und Zentimetern

Rechne mit Zentimetern.

11 cm + 50 cm = 61 cm
42 cm + 20 cm = 62 cm
33 cm + 40 cm = 73 cm
24 cm + 60 cm = 84 cm
6 cm + 80 cm = 86 cm
57 cm + 20 cm = 77 cm
18 cm + 30 cm = 48 cm
69 cm + 10 cm = 79 cm
2 cm + 20 cm = 22 cm

Lösungsseite

Rechne mit Metern.

21 m + 40 m = 61 m
20 m + 43 m = 63 m
34 m + 30 m = 64 m
50 m + 23 m = 73 m
7 m + 60 m = 67 m
56 m + 10 m = 66 m
28 m + 40 m = 68 m
58 m + 20 m = 78 m
3 m + 40 m = 43 m

Millimeter und Zentimeter

Rechne in cm um.

10 mm = 1 cm	400 mm =
50 mm =	20 mm =
100 mm =	600 mm =
60 mm =	30 mm =
200 mm =	800 mm =
90 mm =	40 mm =

Addiere.

14 m + 12 m = m
22 m + 14 m =
31 m + 62 m =
40 m + 13 m =
62 m + 15 m =

64 m + 12 m =
13 m + 14 m =
21 m + 16 m =
46 m + 23 m =
32 m + 45 m =

Millimeter und Zentimeter

Rechne in cm um.

10 mm = 1 cm	400 mm = 40 cm
50 mm = 5 cm	20 mm = 2 cm
100 mm = 10 cm	600 mm = 60 cm
60 mm = 6 cm	30 mm = 3 cm
200 mm = 20 cm	800 mm = 80 cm
90 mm = 9 cm	40 mm = 4 cm

Addiere.

14 m + 12 m = 26 m
22 m + 14 m = 36 m
31 m + 62 m = 93 m
40 m + 13 m = 53 m
62 m + 15 m = 77 m

64 m + 12 m = 76 m
13 m + 14 m = 27 m
21 m + 16 m = 37 m
46 m + 23 m = 69 m
32 m + 45 m = 77 m

Wochentage

Trage die Wochentage in der richtigen Reihenfolge ein.
Finde die Lösungsworte.

1.	Montag	Ei	Dienstag	n
2.			Donnerstag	W
3.			Samstag	ch
4.			Montag	Ei
5.			Sonntag	e
6.			Freitag	o
7.			Mittwoch	e

Rechne um in Tage.

1 Woche = ______ Tage

4 Wochen = ______

5 Wochen = ______

8 Wochen = ______

Rechne um in Wochen.

35 Tage = ______ Wochen

14 Tage = ______

42 Tage = ______

70 Tage = ______

Wochentage

Trage die Wochentage in der richtigen Reihenfolge ein.
Finde die Lösungsworte.

1.	Montag	Ei	Dienstag	n
2.	Dienstag	n	Donnerstag	W
3.	Mittwoch	e	Samstag	ch
4.	Donnerstag	W	Montag	Ei
5.	Freitag	o	Sonntag	e
6.	Samstag	ch	Freitag	o
7.	Sonntag	e	Mittwoch	e

Rechne um in Tage.

1 Woche = 7 Tage
4 Wochen = 28 Tage
5 Wochen = 35 Tage
8 Wochen = 56 Tage

Rechne um in Wochen.

35 Tage = 5 Wochen
14 Tage = 2 Wochen
42 Tage = 6 Wochen
70 Tage = 10 Wochen

Uhrzeit

Trage auf der großen Uhr die vollen Stunden ein und zeichne in die kleinen Uhren die Uhrzeiger.

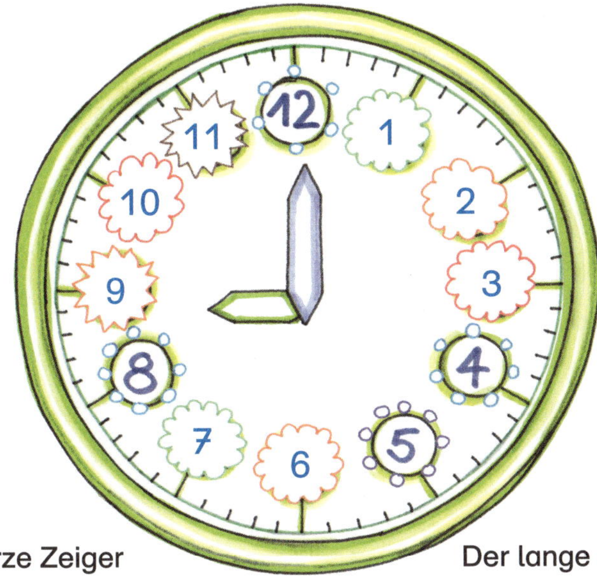

Der kurze Zeiger zeigt die Stunden an.

Der lange Zeiger zeigt die Minuten an.

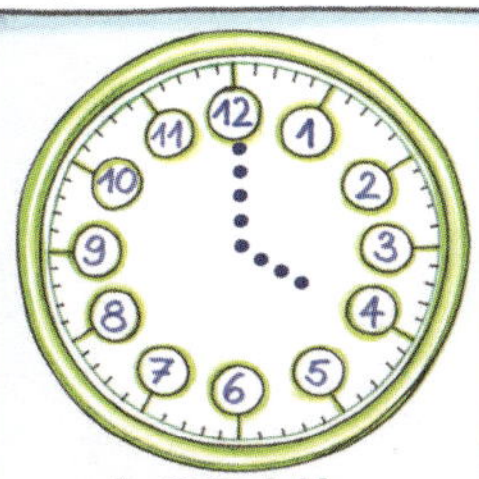
4.00 Uhr

7.00 Uhr

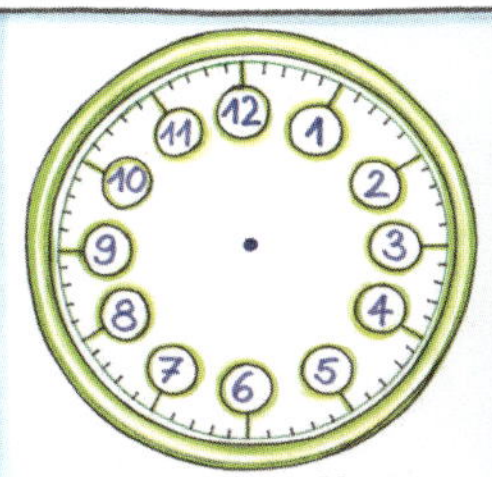
1.00 Uhr

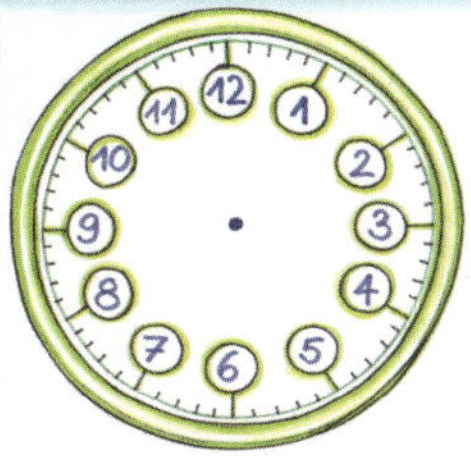
6.00 Uhr

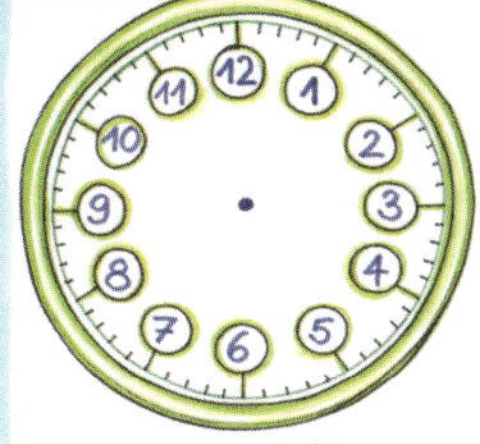
3.00 Uhr

In einer Stunde rückt der kurze Zeiger eine Zahl weiter.
Wenn der lange Zeiger genau oben steht, ist eine Stunde voll.

Uhrzeit

Trage auf der großen Uhr die vollen Stunden ein und zeichne in die kleinen Uhren die Uhrzeiger.

Der kurze Zeiger zeigt die Stunden an.

Der lange Zeiger zeigt die Minuten an.

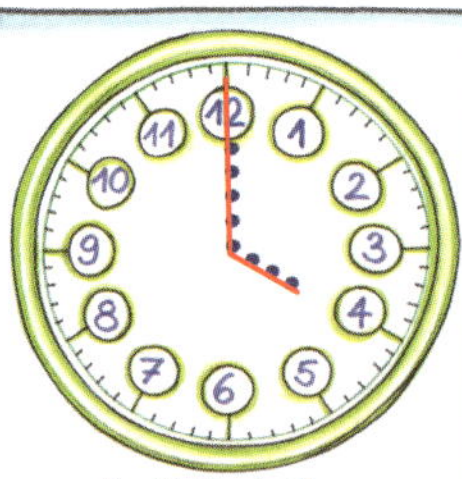

4.00 Uhr

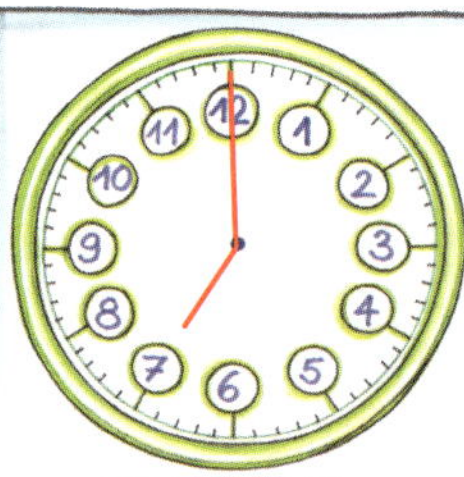

7.00 Uhr

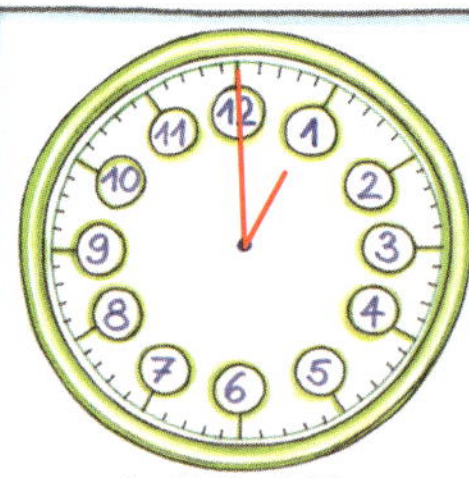

1.00 Uhr

6.00 Uhr

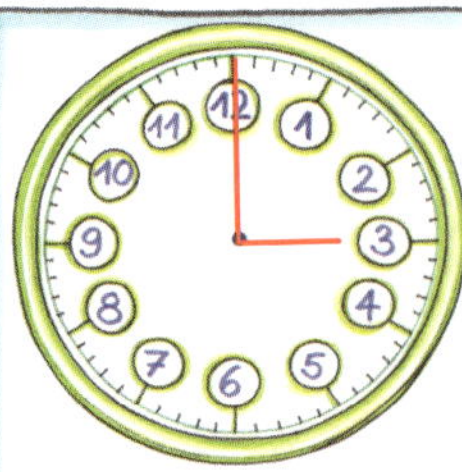

3.00 Uhr

In einer Stunde rückt der kurze Zeiger eine Zahl weiter.
Wenn der lange Zeiger genau oben steht, ist eine Stunde voll.

Zeitspannen

Färbe die Minuten, die vergangen sind, grün ein.

5 Minuten

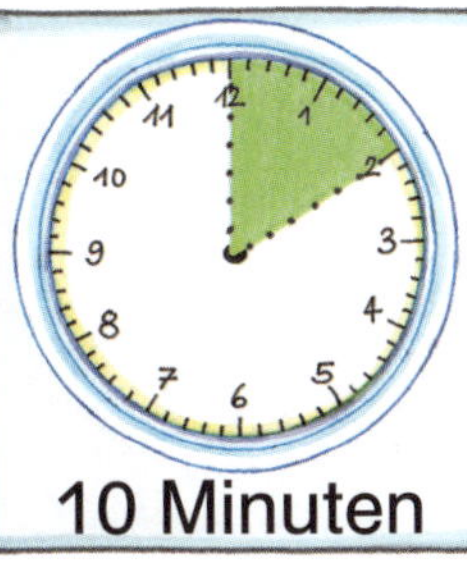
10 Minuten

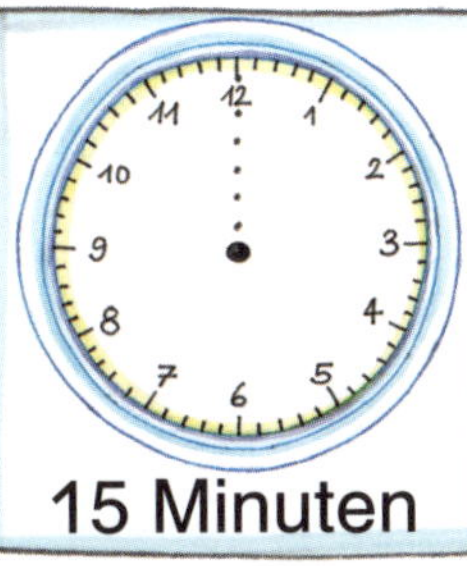
15 Minuten

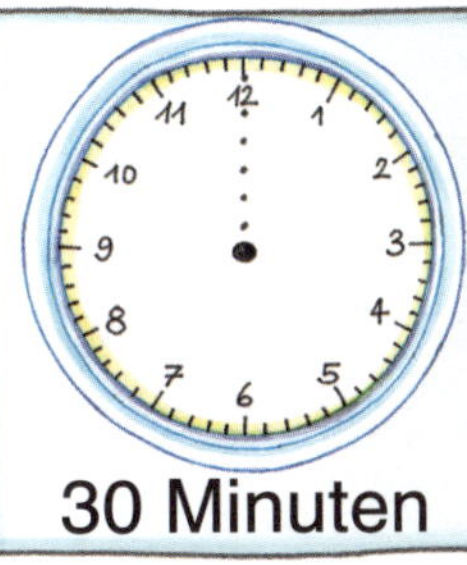
30 Minuten

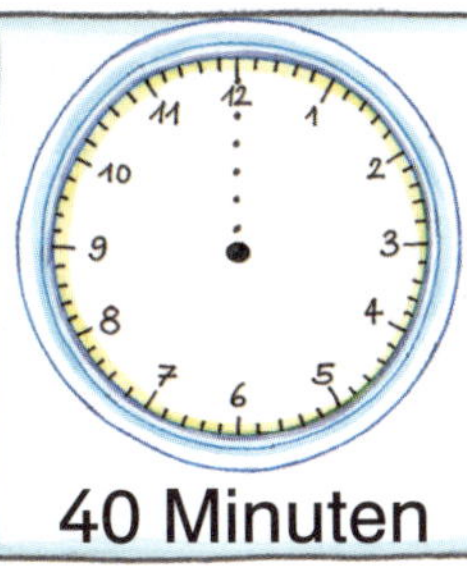
40 Minuten

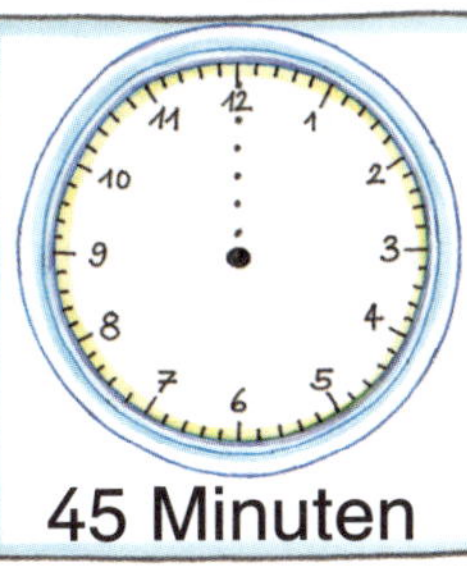
45 Minuten

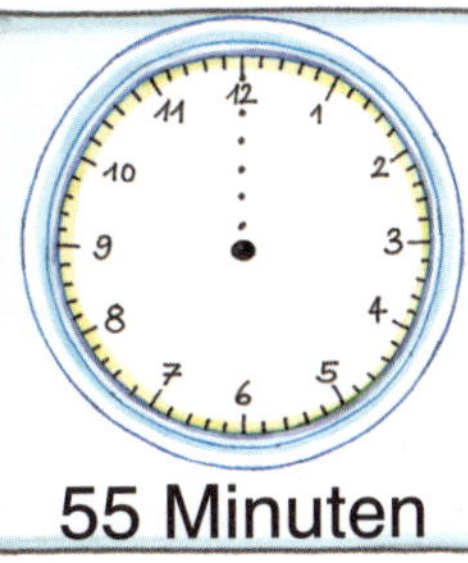
55 Minuten

Zeitspannen

Färbe die Minuten, die vergangen sind, grün ein.

5 Minuten

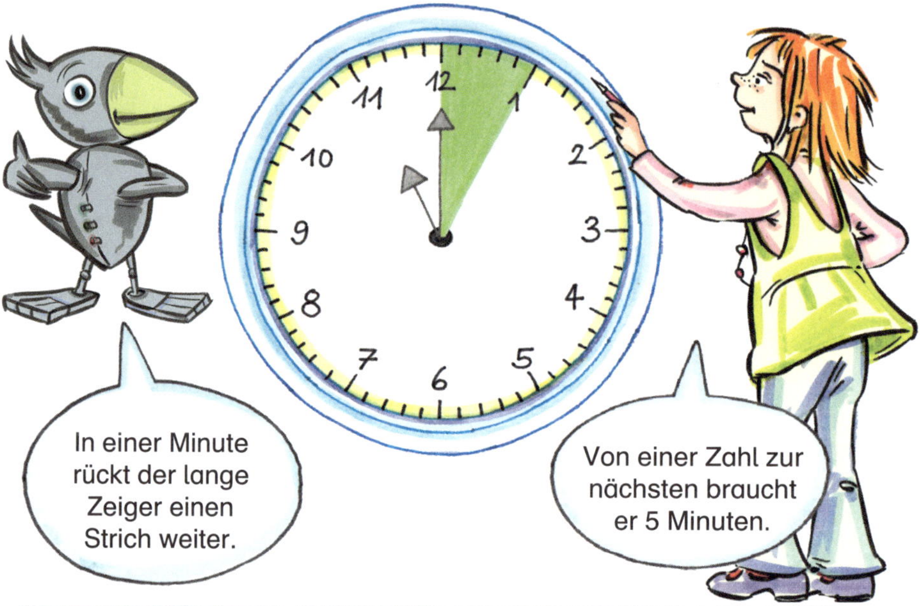

Uhrzeiten zuordnen

Verbinde, was zusammengehört.

fünf vor sieben

zehn vor eins

fünf vor vier

fünf nach sieben

fünf nach elf

Uhrzeiten zuordnen

Verbinde, was zusammengehört.

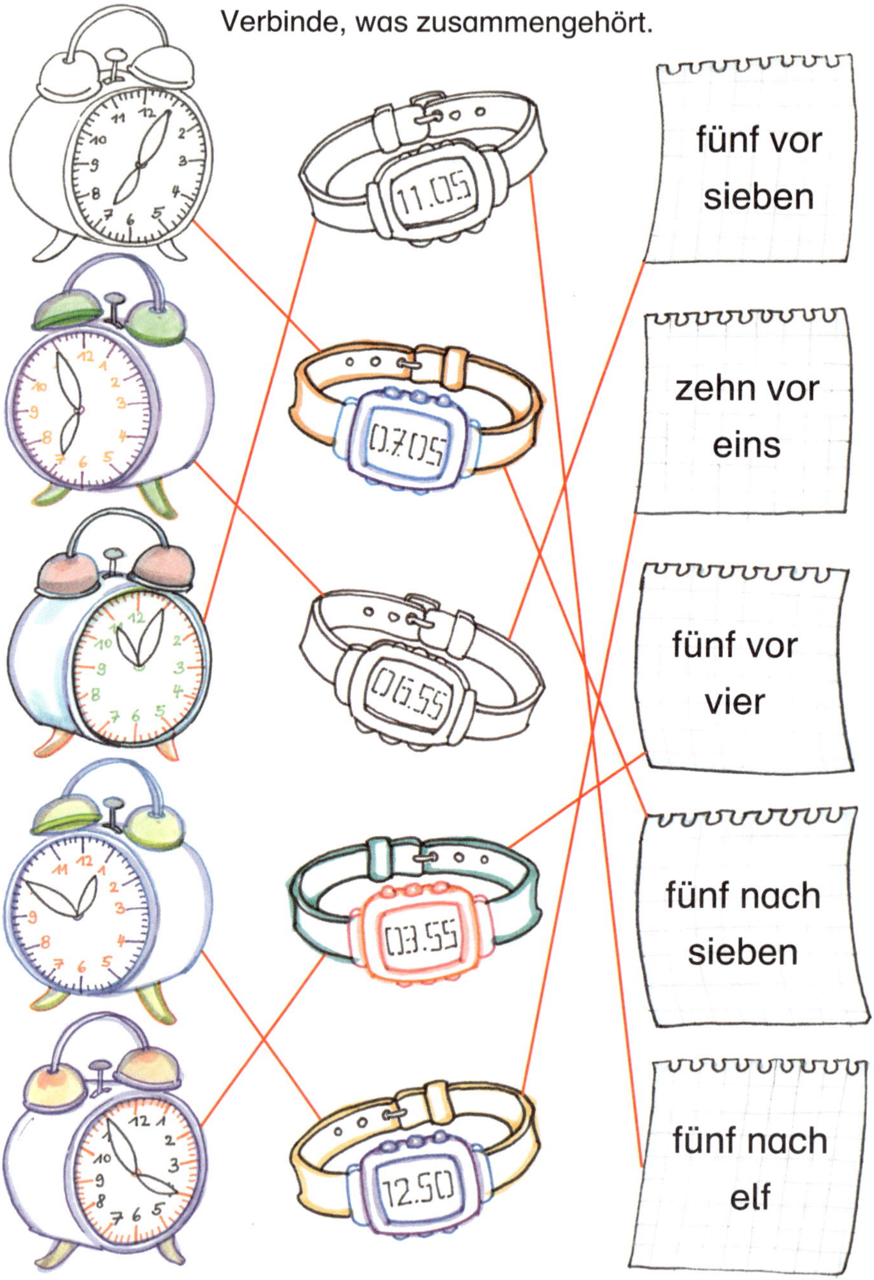

Malen nach Zahlen

Male die Felder in den richtigen Farben an.

11 = braun
12 = grün
14 = blau
21 = rot
41 = rosa

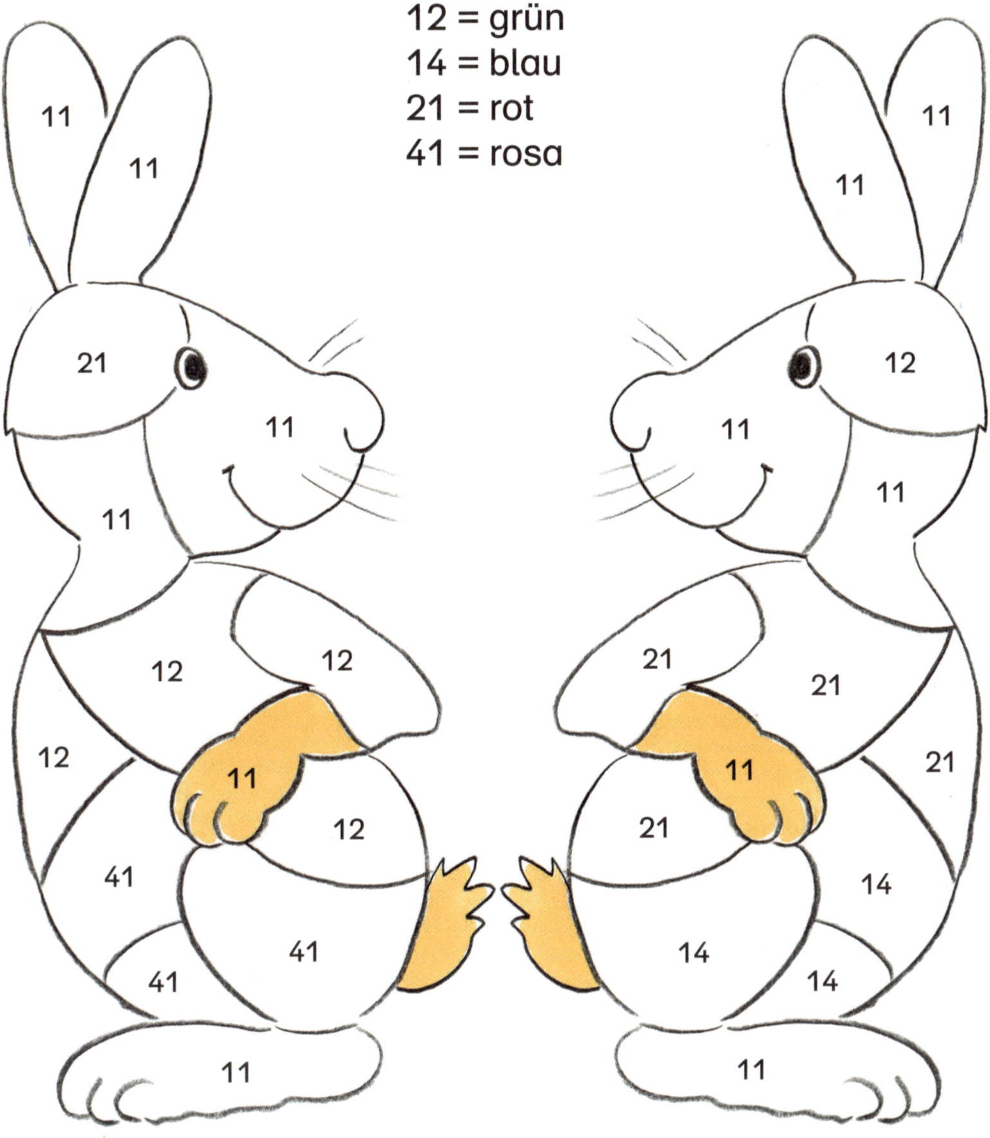

Malen nach Zahlen

11 = braun
12 = grün
14 = blau
21 = rot
41 = rosa

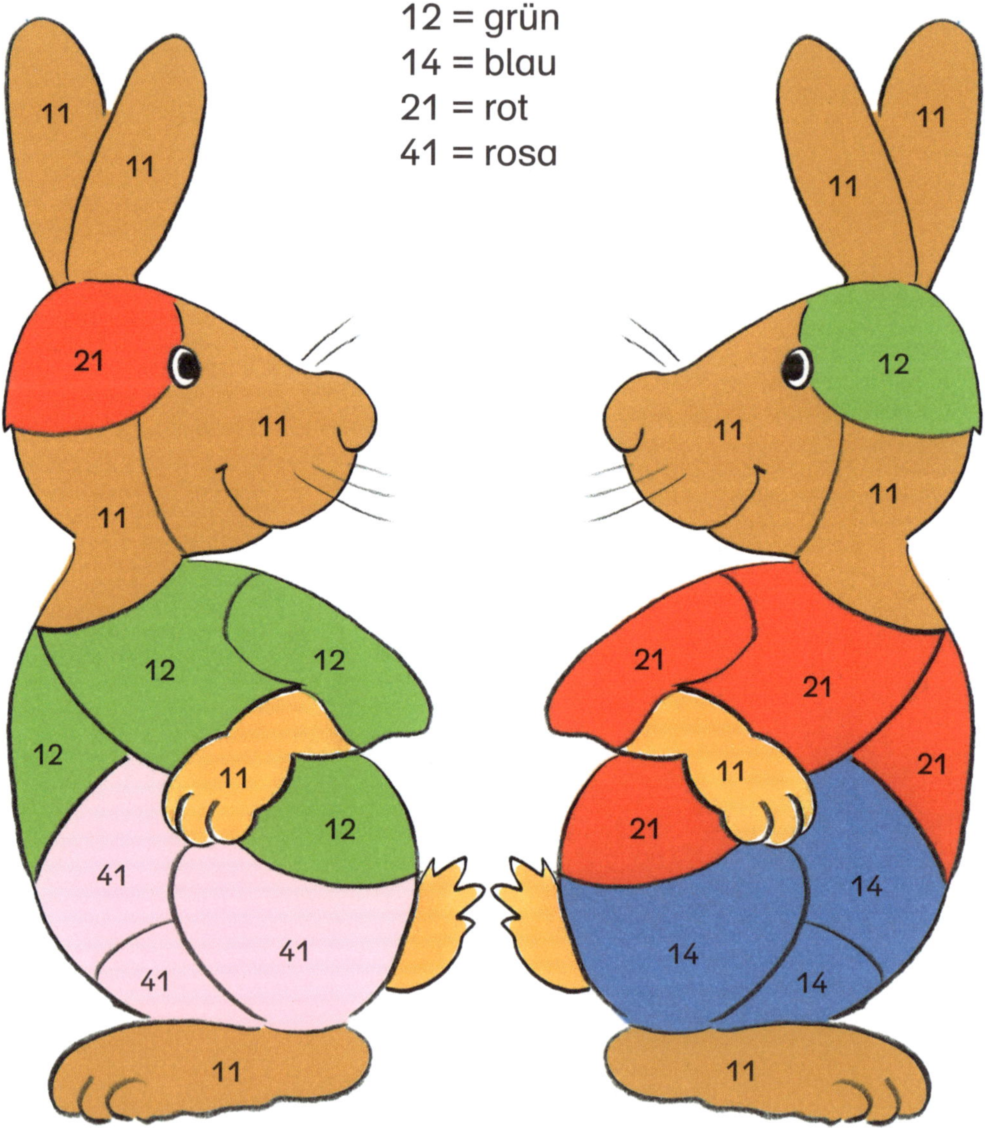

Lösungsseite